Lecture Notes in Mathematics

Edited by A. Dold and B. Eckmann

896

Bernard Angéniol

Familles de Cycle Algébriques – Schéma de Chow

Springer-Verlag
Berlin Heidelberg New York 1981

Auteur

Bernard Angéniol
Université Paris XI – Orsay
Département de Mathématiques-Bâtiment 425
91405 Orsay Cedex, France

AMS Subject Classifications (1980): 14C05

ISBN 3-540-11169-7 Springer-Verlag Berlin Heidelberg New York
ISBN 0-387-11169-7 Springer-Verlag New York Heidelberg Berlin

Printing and binding: Beltz Offsetdruck, Hemsbach/Bergstr.
2141/3140-543210

Je tiens à remercier Pierre Deligne, Jean-Louis Verdier, Michel Raynaud, Daniel Barlet et Fouad Elzein, pour l'intérêt qu'ils ont porté à ce travail, ainsi que Madame Bonnardel qui a effectué la frappe de ce texte.

L'auteur est attaché de recherches au C.N.R.S. et fait partie de l'E.R.A. 589.

TABLE DES MATIÈRES

INTRODUCTION

Le but de ce travail est de munir l'ensemble des cycles compacts d'un schéma donné d'une structure d'espace algébrique. On y parvient ici en caractéristique zéro.

Plus précisément, soit K un corps et soit X un schéma lisse sur K purement de dimension $N = n+p$. Soit $\mathfrak{z}^p(X)$ le groupe libre $\mathbb{Z}^{(X^p)}$ ayant pour base l'ensemble des parties fermées irréductibles propres de codimension p dans X, ordonné par l'ordre induit par l'ordre produit $\mathbb{Z}^{X^p}$. On note $C^p(X)$ l'ensemble des éléments positifs de $\mathfrak{z}^p(X)$. Les éléments de $C^p(X)$ sont appelés cycles purement de codimension p sur X. Il s'agit donc de munir $C^p(X)$ d'une structure d'espace algébrique. Pour définir une famille de cycles de X paramétrée par un K-schéma S, le plus naturel est de considérer un cycle de $X \times S$, Z, et d'imposer aux cycles Z_s, s décrivant S, des conditions de régularité.

Une condition de régularité naturelle est la platitude : à un cycle Z, on associe une structure de schéma tenant compte des multiplicités, et on demande alors que le morphisme de Z dans S soit plat. C'est ce qui a conduit à la construction du schéma de Hilbert (espace de Douady). Cette condition est très raisonnable si l'on suppose l'espace de paramètres S lisse, car il suffit par exemple que Z soit de Cohen Macaulay pour que le morphisme de Z dans S soit plat. Mais, si S n'est pas lisse, même pour les 0-cycles, on perd des familles de cycles tout-à-fait naturelles, comme le montre l'exemple suivant.

Prenons $X = \mathbb{A}^2_K = \mathrm{Spec}(k[t,u])$, et $S = \mathrm{Spec}(K[x,y,z]/(xy-z^2))$. On a alors une paramétrisation de S par les points de X, $x = t^2$, $y = u^2$, $z = tu$. Cela définit donc un morphisme fini de X dans S. Au-dessus d'un point s du cône S distinct du sommet se trouvent deux points de X de coordonnées (t,u) et $(-t,-u)$, et au-dessus du sommet s_o de S se trouve l'origine $(0,0)$ de X. On est donc tenté de dire que la famille de 0-cycles de X paramétrée par S formée au-dessus de $s \neq s_o$ de la somme des points de coordonnées (t,u) et $(-t,-u)$, et au-dessus de s_o de 2 fois le point de coordonnées $(0,0)$ est une famille algébrique.

Pourtant, le morphisme f de X dans S n'est pas plat. Pour le voir, puisque f est fini et S intègre, il suffit de vérifier que l'entier $\dim_{k(s)} (f_*(O_X)_s \otimes k(s))$ n'est pas indépendant du point s. Si s est distinct de s_o, la fibre au-dessus de s est union de deux points simples et l'entier ci-dessus est donc égal à 2, tandis qu'au point s_o, on obtient $\dim(K[t,u]/(t^2,tu,u^2)) = 3$, d'où le résultat.

Mais, dans cet exemple, les cycles considérés sont des cycles de dimension 0 et de degré 2. Un tel cycle s'écrit donc P_1+P_2 où les P_i sont des points de X (nous supposons pour simplifier que K est algébriquement clos). L'espace de ces cycles est donc l'ensemble des couples (P_1,P_2) pris sans ordre, soit $X\times X/\mathfrak{S}_2$, où $\mathfrak{S}_2$ est le groupe symétrique d'ordre 2, ce que nous noterons Sym^2X. Pour prouver que la famille considérée est bien algébrique, il faut donc montrer qu'elle correspond à un morphisme de S dans Sym^2X.

Etudions pour cela les équations de Sym^2X. Nous allons plonger Sym^2X dans $\mathbb{A}^5_K$ par les coordonnées de Newton, i.e. si l'on considère deux copies de X avec les coordonnées (t,u) et (t',u'), on pose $N_1 = t+t'$, $N_2 = u+u'$, $N_{11} = t^2+t'^2$, $N_{12} = tu+t'u'$, $N_{22} = u^2+u'^2$. On a alors

LEMME. Sym^2X <u>est isomorphe à</u> $\mathrm{Spec}(K[N_1,N_2,N_{11},N_{12},N_{22}]/(h))$, <u>où</u> h <u>est égal au déterminant</u> $\begin{vmatrix} 2 & N_1 & N_2 \\ N_1 & N_{11} & N_{12} \\ N_2 & N_{12} & N_{22} \end{vmatrix}$

Le morphisme de Sym^2X dans $\mathbb{A}_K^5$ est bien un plongement car on est en caractéristique 0 , et que les fonctions symétriques de Newton d'ordre au plus 2 engendrent toutes les fonctions symétriques. De plus, si l'équation ci-dessus est vérifiée, il existe t et t' tels que $N_1 = t+t'$, $N_{11} = t^2+t'^2$, il existe u et u' tels que $N_2 = u+u'$, $N_{22} = u^2+u'^2$, et on a $N_{12}^2 - [(tu+t'u')+(tu'+t'u)]N_{12} + (tu+t'u')(tu'+t'u) = 0$, d'où $N_{12} = tu+t'u'$ ou $tu'+t'u$, ce qui prouve le lemme (quitte à échanger u et u').

Puisque le morphisme de X dans S est fini, on va lui associer une trace θ de O_X dans O_S donnée par la formule :

$\theta(g)(s) = g(P_1) + g(P_2)$, où g est une fonction sur X , s un point de S , et P_1 et P_2 les deux points de X au-dessus de s . On a donc :

$$\theta(t) = t + (-t) = 0 \;,\; \theta(u) = u + (-u) = 0 \;,\; \theta(t^2) = t^2 + (-t)^2 = 2t^2 = 2x$$
$$\theta(u^2) = u^2 + (-u)^2 = 2y \;,\; \theta(tu) = tu + (-t)(-u) = 2tu = 2z \;.$$

L'application de S dans Sym^2X correspondra donc au morphisme d'anneaux donné par $N_1 \to \theta(t)$, $N_2 \to \theta(u)$, $N_{11} \to \theta(t^2)$, $N_{12} \to \theta(tu)$, $N_{22} \to \theta(u^2)$, de sorte qu'il suffit de vérifier que le déterminant

$$\begin{vmatrix} 2 & \theta(t) & \theta(u) \\ \theta(t) & \theta(t^2) & \theta(tu) \\ \theta(u) & \theta(tu) & \theta(u^2) \end{vmatrix}$$

est égal à 0 . Or, ce déterminant est égal à $8(xy-z^2) = 0$ sur S , d'où le résultat.

Revenons au problème général.

Lorsque $n = 0$, un cycle peut s'écrire $\sum_{i=1}^{\ell} n_i P_i$, où $n_i \in \mathbb{N}$, et où les P_i sont des points fermés de X . Si $\sum_{i=1}^{\ell} n_i \dim_K k(P_i) = k$, un tel cycle peut donc s'identifier au point de $\mathrm{Sym}^k(X)$ composé du point P_1 (n_1 fois), etc..., du point P_ℓ (n_ℓ fois) ($\mathrm{Sym}^k(X)$ est le quotient du produit X^k par l'action du groupe symétrique $\mathfrak{S}_k$). On a donc immédiatement une structure d'espace algébrique de type fini sur l'espace des cycles de dimension 0 de degré k, donc une structure d'espace algébrique localement de type fini sur $C^N(X)$.

Dans le cas où X est égal à l'espace projectif (ou par extension une variété projective), les cycles sont repérés par les "coordonnées de Chow". L'idée est de considérer l'intersection d'un cycle de $C^p(X)$ par un plan de dimension $p-1$. Cette intersection est génériquement vide, et l'ensemble des plans de dimension $p-1$ qui rencontrent un cycle donné constitue une hypersurface de la grassmannienne ; cela permet de repérer le cycle à l'aide des coefficients de l'équation de l'hypersurface (la forme de Cayley), qui sont ce que l'on appelle les coordonnées de Chow. Malheureusement, cette construction est basée sur la vacuité d'intersections de variétés et ne se prête donc pas à une étude satisfaisante des variations infinitésimales de cycles. De plus, elle repose sur des arguments globaux qui la lient au cas projectif et la rendent non intrinsèque.

Si S est un schéma sur K, pour définir une famille de cycles de X paramétrée par S, l'idée fondamentale de Barlet dans ([4]), a été de poser qu'une famille $(Z_s)_{s\in S}$ de $C^p(X)$ était algébrique si chaque fois que l'on coupait $(Z_s)_{s\in S}$ par un plan de dimension p de manière à ce que l'intersection soit finie pour tout s, on obtenait une famille localement algébrique de dimension zéro (correspondant donc à un morphisme $S \to \mathrm{Sym}^k X$). Cette formulation locale permet de se délivrer d'hypothèses projectives en posant qu'une famille $(Z_s)_{s\in S}$ est algébrique si pour toute projection locale sur un S-schéma lisse B de dimension relative n, tel que Z soit quasi-fini sur B, le cycle Z correspond à un morphisme $B \to \mathrm{Sym}^k_B(X\times S)$ (quotient de $(X\times S)\times_B(X\times S)\ldots\times_B(X\times S)$ par $\mathfrak{S}_k$). Mais la difficulté est alors le changement de projection : quand peut-on dire que deux morphismes $B \to \mathrm{Sym}^k_B(X\times S)$ et $B' \to \mathrm{Sym}^k_{B'}(X\times S)$ correspondent au même cycle ?

Ici encore, on doit s'en tenir au cas où S est réduit, ce qui permet de répondre à la question précédente en ne tenant compte que des supports et des multiplicités. Notons par ailleurs qu'un point de $\mathrm{Sym}^k(X)$ est repéré par les valeurs prises en ce point par les fonctions symétriques ; on ne peut le considérer comme un k-uplet de points de X à valeurs dans K , pris sans ordre, que si K est algébriquement clos.

La démarche que nous suivons ici est de reprendre les idées de Barlet en abordant, d'après une suggestion de Deligne, le problème du changement de projection du point de vue de la théorie de la dualité et des classes fondamentales développé dans [17] et [11]. En termes clairs, observant que les morphismes $B \to \mathrm{Sym}^k_B(X \times S)$ correspondent biunivoquement à certaines traces $\theta : \mathcal{O}_{X \times S} \to \mathcal{O}_B$, et qu'une classe c dans $H^p_Z(X \times S, \Omega^p_{X \times S/S})$ induit pour toute projection une trace $\mathcal{O}_{X \times S} \to \mathcal{O}_B$, nous dirons que deux morphismes $B \to \mathrm{Sym}^k_B(X \times S)$ et $B' \to \mathrm{Sym}^k_{B'}(X \times S)$ correspondent au même cycle s'ils proviennent d'une même classe. Notons ici que nous avons repéré ici les éléments de $\mathrm{Sym}^k(X)$ à l'aide de trace, c'est-à-dire des fonctions symétriques de Newton ; comme celles-ci n'engendrent toutes les fonctions symétriques qu'en caractéristique zéro, cela nous conduit donc à supposer K de caractéristique zéro. L'existence d'une théorie de la dualité cristalline (à puissances divisées) manque pour tenter de traiter le cas de la caractéristique positive. Ainsi, une famille de cycles compacts de X paramétrée par S sera un couple (Z,c), où Z est un fermé propre de $X \times S$ purement de codimension p fibre par fibre, et c une classe de $H^p_Z(X \times S, \Omega^p_{X \times S/S})$, non nulle aux points génériques des composantes irréductibles de Z , et "admissible", c'est-à-dire vérifiant certaines propriétés. Rappelons (cf. (2.1.2), (2.1.3)), qu'une classe c correspond à la donnée, pour une projection quelconque sur un schéma B lisse sur S tel que Z soit fini sur B , d'une trace $\theta : \mathcal{O}_{Z_m} \otimes \Omega^{\cdot}_{X \times S/S} \to \Omega^{\cdot}_{B(S)}$ où Z_m est le $m^{\text{ème}}$ voisinage infinitésimal de Z , et m est assez grand.

Appelons famille admissible de classes, soit $\mathfrak{F}$, la donnée, pour tout schéma S et tout $Z \subset X \times S$ fermé propre purement de codimension p dans chaque fibre du morphisme $X \times S \to S$, d'un ensemble de classes c dans $H^p_Z(X \times S, \Omega^p_{X \times S/S})$ tel que les propriétés suivantes soient satisfaites :

a) <u>Conservation de la multiplicité</u> :

Une classe c de $\mathfrak{F}$ est fermée pour d' (ce qui équivaut à dire que la trace θ commute aux différentielles).

b) <u>Normalisation</u> :

Si Z est un schéma S-lisse, irréductible, et si c est une classe de $\mathfrak{F}$ induisant sur Z la multiplicité 1 , alors c est la classe fondamentale de Z ([11], [14]).

c) <u>Spécialisation</u> :

Pour tout schéma affine U étale sur $X \times S$, et toute projection sur un schéma lisse B , soit $Y_{U,B}$ l'espace des classes de $\varinjlim_Z H^p_Z(U, \Omega^p_{U/S})$ à support Z de pure codimension p dans chaque fibre au-dessus de S , et tel que le schéma réduit sous-jacent à ce fermé soit fini sur B ; si $k \in \mathbb{N}$, soit E_k le sous-ensemble de $Y_{U,B}$ formé des classes pouvant s'écrire comme somme de k classes fondamentales de S-schémas lisses de degrés 1 sur B (ce qui équivaut à dire que la trace θ peut s'écrire comme somme de k-morphismes d'algèbres. La trace correspondant par (2.1.2) et (2.1.3) à une classe c de $\mathfrak{F}$ vérifie les équations naturelles (cf. 1.5.3 pour la signification) que vérifient les traces associées aux classes de E_k , c'est-à-dire aux classes fondamentales des revêtements finis étales s de B .

d) <u>Localisation</u> :

Une classe c appartient à $\mathfrak{F}$ si et seulement si pour tout point z de Z , il existe un voisinage U de z dans $X \times S$ pour la topologie étale, tel que c_U appartienne à l'image réciproque $\mathfrak{F}_U$ de $\mathfrak{F}$ sur U .

Dès lors, si l'on note $\Omega^{\cdot\sigma}_{U^k/S}$ la sous-algèbre de $\Omega^{\cdot}_{U\times_B U\times_B\ldots\times_B U/S}$ formée des différentielles invariantes par l'action de $\mathfrak{S}_k$, on peut poser

DÉFINITION. _Une classe_ c _de_ $H^p_Z(X\times S,\Omega^p_{X\times S/S})$ _est une classe de Chow sur_ U _pour une projection_ $U\to B$ _finie sur_ Z _si elle induit un morphisme_ $\Omega^{\cdot\sigma}_{U^k/S}\to\Omega^{\cdot}_{B/S}$ _compatible avec la différentielle extérieure et les opérations de contraction sur les espaces tangents successifs_ (cf. (4.1.2) _pour une définition précise_).

La classe c est une classe de Chow si elle est une classe de Chow sur tous les ouverts d'un recouvrement de $X\times S$ (pour la topologie étale).

On a alors le :

THÉORÈME. _La famille des classes de Chow est une famille de classes admissibles_.

Si on note $C^p_X(S)$ l'ensemble des familles de cycles compacts paramétrées par S , $S\longmapsto C^p_X(S)$ est un foncteur contravariant représentable dans la catégorie des espaces algébriques ; ceci munit donc bien $C^p(X)$ d'une structure d'espace algébrique.

Au chapitre 1, on définit les formes multilinéaires de Wäring, et on caractérise les traces qui induisent un morphisme d'anneaux sur les tenseurs symétriques : $\Omega^{\cdot\sigma}_{U^k/S}\to\Omega^{\cdot}_{B/S}$. Cela nous conduit à expliciter les équations de $\mathrm{Sym}^k(\mathbb{C}^p)$ pour le plongement par les fonctions symétriques de Newton.

Aux chapitres 2 et 3, on explicite l'isomorphisme résidu et on exprime la trace associée à une classe c dans une projection en fonction de la trace associée à cette même classe dans une autre projection ; puis, on exprime en termes de la trace dans une projection, le fait que pour toute projection, la trace vérifie une famille d'équations. On applique cela au cas des formes multilinéaires de Wäring, et on obtient une famille d'équations indépendante de la projection. Puis on montre qu'un nombre fini de ces équations engendre les autres.

Au chapitre 4, on définit ce qu'est une classe de Chow ; on déduit la définition du foncteur de Chow et on étudie son espace tangent.

Au chapitre 5, on montre que le foncteur de Chow est représentable dans la catégorie des espaces algébriques.

Au chapitre 6, on montre que l'espace réduit associé à l'espace algébrique de Chow coïncide avec l'espace des cycles de Barlet, donc dans le cas projectif avec les coordonnées de Chow. On donne un théorème d'image directe des cycles qui permet de définir $C^p(X)$ même lorsque X n'est pas lisse. On termine en explicitant les équations locales du schéma des courbes de degré 2 dans $\mathbb{P}^3(\mathbb{C})$.

Au chapitre 7, on définit un morphisme du schéma de Hilbert dans le schéma de Chow, et on montre que c'est un isomorphisme dans le cas des diviseurs $(p=1)$. Pour cela, on doit d'abord donner une formule explicitant ce qu'est la trace : $\Omega^{\cdot}_{Z/S} \to \Omega^{\cdot}_{B/S}$ dans le cas où Z est un schéma fini et plat sur B lisse (l'existence de cette trace avait été démontrée dans [15].

Enfin, au chapitre 8, on définit l'intersection de deux familles algébriques de cycles, et on caractérise l'équivalence algébrique en fonction des composantes connexes de $C^p(X)$.

1. FORMES MULTILINEAIRES DE WÄRING

Soit $(x_i)_{i\in I}$ une famille de k points de V, espace vectoriel sur $\mathbb{C}$. Soient S_h (resp. N_h) l'élément de $S^h(V)$ (la $h^{\text{ème}}$ composante de l'algèbre symétrique de V) égal à la $h^{\text{ème}}$ fonction symétrique élémentaire des x_i (resp. la $h^{\text{ème}}$ fonction symétrique de Newton en les x_i). Nous montrons qu'il existe des expressions universelles à coefficients dans $\mathbb{Z}$, P^k, appelées formes multilinéaires de Wäring, telles que l'on ait $h!S_h = P^h(N_1;\ldots;N_h)$, et telles que réciproquement étant donnés des éléments N'_h de $S^h(V)$, pour tout $h\in\mathbb{N}$, ce soient les fonctions symétriques de Newton d'éléments $x'_1,\ldots x'_k$ de V si et seulement si on a : $N'_0 = k$ et pour tous $i_1,i_2,\ldots i_{k+1}\in\mathbb{N}$, $P^{k+1}(N'_{i_1},\ldots,N'_{i_{k+1}};\ldots;N'_{i_1+\ldots+i_{k+1}}) = 0$ où cette expression est l'expres- polarisée associée à P^{k+1} (cf. Théorème 1.5.3). Plus généralement, on montre que, étant donnée une forme linéaire θ sur V^*, pour qu'il existe une famille de k points $(x_i)_{i\in I}$ telle que $(\forall f\in V^*, \theta(f) = \sum_{i\in I} f(x_i))$, il faut et il suffit que l'on ait $P_\theta^{k+1} = 0$ (1.5.3). On traite même ici le cas d'un morphisme de A-modules $\theta : B\to A$, où A est un anneau de caractéristique zéro quelconque, et B une A-algèbre.

1.1. RÈGLES DE SIGNES

1.1.1. Dans tout ce paragraphe, nous nous placerons dans une catégorie abélienne $\mathcal{A}$ $\mathbb{Q}$-linéaire, munie d'un produit tensoriel $\otimes$, associatif, commutatif, unitaire, tel que les foncteurs $X\mapsto A\otimes X$ soient additifs et exacts à droite pour tout A dans $\mathcal{A}$.

1.1.2. EXEMPLES

1.1.2.1. $\mathcal{A}$ est la catégorie des $\mathbb{Q}$-espaces vectoriels $\mathbb{Z}/2\mathbb{Z}$-gradués, avec le produit tensoriel usuel, la contrainte de commutativité $V\otimes W \xrightarrow{\sim} W\otimes V$ étant $v\otimes w\mapsto (-1)^{\varepsilon(v)\varepsilon(w)} w\otimes v$ où v et w sont homogènes de degré $\varepsilon(v)$ et $\varepsilon(w)$.

1.1.2.2. $\mathcal{A}$ est la catégorie des $\mathbb{Q}$-espaces vectoriels $\mathbb{Z}$-gradués, avec le produit tensoriel usuel et la même contrainte de commutativité.

1.1.2.3. $\mathcal{A}$ est la catégorie des $\mathbb{Q}$-espaces vectoriels différentiels $\mathbb{Z}/2\mathbb{Z}$ gradués, avec les mêmes définitions qu'en (1.1.2.1), la dérivation sur le produit tensoriel étant $d(v\otimes w) = dv\otimes w + (-1)^{\varepsilon(v)\varepsilon(d)} v\otimes dw$, pour v homogène.

De fait, la plupart des constructions usuelles d'algèbre multilinéaire sont "catégorisables et peuvent se faire dans le cadre (1.1.1). Pour travailler dans une catégorie $\mathcal{A}$ quelconque, il est commode de pouvoir parler d'"éléments", de sorte que des manipulations algébriques usuelles fournissent les résultats voulus, sans que l'on ait à les remplacer par des diagrammes. Il est donc pratique d'adopter le

1.1.3. **LANGAGE**

1.1.3.1. Si V est un objet de $\mathcal{A}$, nous appellerons élément x de V, et nous noterons $x\in V$, un morphisme x d'un objet T de $\mathcal{A}$ dans V.

Ainsi, l'expression "pour tout x dans V" signifiera : "pour tout objet T de $\mathcal{A}$ et pour tout morphisme $x : T \to V$".

1.1.3.2. Etant donnés $x_1 : T_1 \to V_1$ et $x_2 : T_2 \to V_2$ deux éléments de V_1 et V_2, on définit leur produit x_1x_2 comme étant l'élément de $V_1\otimes V_2$ égal au morphisme $x_1\otimes x_2 : T_1\otimes T_2 \to V_1\otimes V_2$.

Plus généralement, $P(X_1,\ldots,X_n)$ est une forme polarisée (i.e homogène de degré 1 en chacune des variables), définie sur les V_i et à valeur dans W, si à $x_i : T_i \to V_i$, elle associe un élément $P(x_1,\ldots x_n) : \bigotimes_i T_i \to W$.

Si de plus, pour tous éléments t_i de T_i, avec $t_i : T_i' \to T_i$, on a $P(x_1\circ t_1, x_2\circ t_2,\ldots,x_n\circ t_n) = P(x_1,\ldots,x_n)\circ(t_1\otimes t_2\otimes\ldots\otimes t_n)$, P définit un morphisme $\underset{i}{\otimes} V_i \to W$.

1.1.3.3. Le produit tensoriel étant commutatif, pour tout élément σ du groupe symétrique $\mathfrak{S}_k$, on a un isomorphisme : $T_1 \otimes T_2 \otimes \ldots \otimes T_k \xrightarrow{\simeq} T_{\sigma_1} \otimes \ldots \otimes T_{\sigma_k}$. Nous noterons $\sigma(x_1 \otimes \ldots \otimes x_n)$ l'image de $x_1 \otimes \ldots \otimes x_n$ par cet isomorphisme.

En prenant tous les T_i égaux, on en déduit que $\mathfrak{S}_k$ agit sur $T^{\otimes k}$. Notons $\mathrm{Sym}^k T$ le sous-objet de $T^{\otimes k}$ formé des invariants sous cette action.

Nous dirons que $P(X_1,\ldots,X_n)$ est un polynôme homogène de degré n_i en la $i^{\text{ème}}$ variable, défini sur les V_i , et à valeurs dans une algèbre commutative B (1.2.1), si il associe à des éléments $x_i : T_i \to V_i$, un élément $P(x_1,\ldots x_n) : \underset{i}{\otimes} \mathrm{Sym}^{n_i}(T_i) \to B$.

1.1.3.4. Etant donné un polynôme $P(X_1,\ldots X_n)$ de degré k_i en la $i^{\text{ème}}$ variable, défini sur les V_i à valeurs dans une algèbre commutative B , il existe une forme polarisée en $\sum\limits_i k_i$ variable $Q(X_1^1,\ldots X_1^{k_1};X_2^1,\ldots,X_n^{k_n})$, invariante par l'action des groupes symétriques $\mathfrak{S}_{k_1},\ldots,\mathfrak{S}_{k_n}$, et une seule, telle que pour tous x_i éléments de V_i on ait : $P(x_1,\ldots x_n) = Q(x_1,\ldots x_1;x_2,\ldots x_2;\ldots;x_n,\ldots x_n)$; Q est la forme polarisée associée à P .

1.1.3.5. Avec le langage ci-dessus, une formule permet de définir un morphisme. Ainsi, si C est une algèbre commutative (1.2.1) de $\mathcal{A}$, M un objet de $\mathcal{A}$, on considérera des formes multilinéaires $f : M^{\otimes k} \to C$, pouvant s'écrire comme somme de formes du type : $f : M^{\otimes k} \to C$: $f(x_1 \otimes \ldots \otimes x_k) = \prod\limits_{i=1}^{k} f_i(x_{\sigma(i)})$ où $\sigma \in \mathfrak{S}_k, f_i \in \mathrm{Hom}(M,C)$. Si pour $i = 1,\ldots k, x_i : T_i \to M$ est un élément de M , $f(x_1 \otimes \ldots \otimes x_k)$ sera alors l'élément de $C : T_1 \otimes \ldots \otimes T_k \to C$ égal au composé :

$$T_1 \otimes \ldots \otimes T_m \xrightarrow{x_1 \otimes \ldots \otimes x_m} M^{\otimes k} \xrightarrow{\sigma} M^{\otimes k} \xrightarrow{\prod_i f_i} C .$$

Si par exemple, $\mathcal{A}$ est la catégorie (1.1.2.2), et si B est une algèbre anticommutative graduée, on dira "soit f le morphisme

$B\otimes B\otimes B \to B\otimes B$: $f(x_1\otimes x_2\otimes x_3) = x_1x_3\otimes x_2 + x_2\otimes x_1x_3$ ". Si, pour $i=1,2,3$ $x_i : T_i \to B$ est un élément de B homogène de degré d_i, cela signifiera que $f(x_1\otimes x_2\otimes x_3)$ est la somme des deux morphismes :

$$T_1\otimes T_2\otimes T_3 \xrightarrow{x_1\otimes x_2\otimes x_3} B\otimes B\otimes B \xrightarrow{1_B\otimes i} B\otimes B\otimes B \xrightarrow{\Pi\otimes 1_B} B\otimes B$$

$$T_1\otimes T_2\otimes T_3 \xrightarrow{x_1\otimes x_2\otimes x_3} B\otimes B\otimes B \xrightarrow{i\otimes 1_B} B\otimes B\otimes B \xrightarrow{1_B\otimes\Pi} B\otimes B$$

où 1_B est le morphisme identique de B, i est le morphisme de commutativité du produit tensoriel $i : B\otimes B \to B\otimes B$, et Π est le morphisme produit $B\otimes B \to B$.

En particulier, si $T_i = \mathbb{Q}$ $(i=1,2,3)$ et si les x_i sont donc des éléments de B au sens ordinaire, f correspond au morphisme qui, en notation classique se notait : $f(x_1\otimes x_2\otimes x_3) = (-1)^{d_2d_3}x_1x_3\otimes x_2 + (-1)^{d_1d_2}x_2\otimes x_1x_3$.

De même, si B et C sont deux algèbres commutatives de $\mathcal{A}$, un polynôme $P(X_1,\ldots X_n)$ homogène de degré n_i en la $i^{\text{ème}}$ variable : $P : B^{\otimes n} \to C$ est donné par une formule homogène de degré n_i en la $i^{\text{ème}}$ variable. Pour le voir, il suffit de se ramener au cas des formes polarisées, en appliquant, d'une part le principe de polarisation dépolarisation au niveau des "algèbres commutatives", comme indiqué en (1.1.3.4), et d'autre part le principe usuel de polarisation dépolarisation permettant de passer d'une forme homogène de degré n en une variable à une forme multilinéaire symétrique en n variables.

Donnons-en un exemple que nous rencontrerons plus loin : soient $\mathcal{A}$ la catégorie (1.1.2.2), A et B deux algèbres anticommutatives graduées et $\theta : B \to A$ une forme linéaire. On posera "soit $P(x) = \theta(x)^3 - 3\theta(x)\theta(x^2) + 2\theta(x^3)$ l'application polynomiale de degré $3 : B \to A$ ". La forme multilinéaire symétrique associée à P est la forme Q où $Q(x_1,x_2,x_3) = \theta(x_1)\theta(x_2)\theta(x_3) - \theta(x_1)\theta(x_2x_3) - \theta(x_2)\theta(x_1x_3) - \theta(x_1x_2)\theta(x_3) + 2\theta(x_1x_2x_3)$. D'après ce que l'on a vu, et d'après (1.1.3.4), on associe à Q le polynôme P qui à $x : T \to B$, fait correspondre $P(x) : \mathrm{Sym}^3(T) = T\otimes T\otimes T/\mathfrak{S}_3 \to A$, donné par

$$P(x)(t_1\widetilde{\otimes t_2}\otimes t_3) = \theta(x(t_1))\theta(x(t_2))\theta(x(t_3)) - \theta(x(t_1))\theta(x(t_2t_3))$$
$$- (-1)^{\varepsilon(x(t_1))\varepsilon(x(t_2))}\theta(x(t_2))\theta(x(t_1)x(t_3)) - \theta(x(t_1)x(t_2))\theta(x(t_3))$$
$$+ 2\,\theta(x(t_1).x(t_2).x(t_3))$$

où $t_1\widetilde{\otimes t_2}\otimes t_3$ est l'image dans $\mathrm{Sym}^3(T)$ de $t_1\otimes t_2\otimes t_3 \in T^{\otimes 3}$.

1.1.3.6. Ce langage est commode car il permet par exemple de traiter le cas des algèbres anticommutatives graduées en écrivant les démonstrations dans le cadre plus confortable des algèbres commutatives. D'après le formalisme (1.1.3.5), pour démontrer une identité dans le cadre des algèbres commutatives d'une catégorie $\mathcal{A}$ comme dans (1.1.1), il suffit de la démontrer dans le cadre des algèbres commutatives ordinaires. Il en irait autrement pour des théorèmes d'existence abstraits. Ainsi un énoncé tel que : "Soient A une algèbre commutative, M un A-module de type fini, alors il existe un entier n tel que $\overset{n}{\Lambda} M = 0$ " devient faux dans le cadre (1.1.1). Le lecteur pourra vérifier que tous les énoncés du chapitre 1 sont, soit des identités, soit des théorèmes d'existence explicites (1.5.3) dont l'énoncé pourrait être ramené à des identités, et qu'il suffit donc de les montrer dans le cadre des algèbres commutatives pour pouvoir les appliquer dans le cadre (1.1.1). Toutefois, lors de leur application dans le cadre des algèbres anticommutatives graduées dans les chapitres suivants, il faudra se garder d'effectuer des opérations telles que "faire prendre une valeur à la variable" dans des expressions non polarisées telles que (1.4.2.2).

1.2. TENSEURS SYMETRIQUES

1.2.1. Soit $\mathcal{A}$ une catégorie comme dans (1.1.1) et soit $\mathcal{A}'$ la sous-catégorie de $\mathcal{A}$ formée des algèbres commutatives de $\mathcal{A}$. Un objet A de $\mathcal{A}'$ est donc un objet de $\mathcal{A}$ muni d'un produit $\Pi : A\otimes A \to A$, et d'un élément unité $1 : 1 \to A$ tels que l'on ait, si i est l'isomorphisme de commutativité du produit tensoriel, $i : A\otimes A \to A\otimes A$, $\Pi\circ i = \Pi$ $(xy = yx)$,

$\Pi\circ(\Pi\otimes 1_A)=\Pi\circ(1_A\otimes\Pi)$ $(x(yz)=(xy)z)$, $\Pi\circ(1\otimes 1_A)=1_A$ $(1.x=x)$.

1.2.2. **EXEMPLE**

Si $\mathcal{A}$ est la catégorie de 1.1.2.1, $\mathcal{A}'$ sera la catégorie des algèbres anti-commutatives graduées.

En effet, si $A^{\bullet}$ et $B^{\bullet}$ sont deux objets de $\mathcal{A}'$, $A^{\bullet}\otimes B^{\bullet}$ est encore une algèbre anti-commutative graduée ([9] chap. III §4 n° 9 Proposition 14) ; de plus, la compatibilité de l'isomorphisme de commutativité i et du produit tensoriel résultant de la relation

$$i[(a_1\otimes a_2)(a_1'\otimes a_2')]=(-1)^{\varepsilon(a_2)\varepsilon(a_1')}i(a_1a_1'\otimes a_2a_2')$$

$$=(-1)^{\varepsilon(a_2)\varepsilon(a_1')+\varepsilon(a_1a_1')\varepsilon(a_2a_2')}a_2a_2'\otimes a_1a_1'$$

$$=(-1)^{\varepsilon(a_1)\varepsilon(a_2)+\varepsilon(a_1')\varepsilon(a_2')}(a_2\otimes a_1)(a_2'\otimes a_1')=i(a_1\otimes a_2).i(a_1'\otimes a_2') .$$

1.2.3. Soit A un objet de $\mathcal{A}'$ et soit B un objet de $\mathcal{A}$ qui soit un A-module. On note $B^{\otimes k}$ le produit tensoriel sur A de k exemplaires de B (la sous-catégorie de $\mathcal{A}$ formée des objets A-linéaires et munie du produit tensoriel relatif sur A possède encore les propriétés (1.1.1) car on a $X\otimes_A Y=\mathrm{Coker}(X\otimes A\otimes Y \rightrightarrows X\otimes Y))$.

On a vu (1.1.3.3) que le groupe symétrique $\mathfrak{S}_k$ opère sur $B^{\otimes k}$. Si $TS^k(B)$ est le sous-module de $B^{\otimes k}$ formée des tenseurs invariants par cette action, la suite exacte $0\to TS^k(B)\to B^{\otimes k}\to B^{\otimes k}/TS^k(B)\to 0$ est scindée pour la scission $B^{\otimes k}\to TS^k(B) : x_1\otimes\ldots\otimes x_k \mapsto \frac{1}{k!}\sum_{\sigma\in\mathfrak{S}_k}\sigma(x_1\otimes\ldots\otimes x_k)$.
Ceci permet, après tensorisation par A , de poser la :

1.2.4. DÉFINITION. <u>On appelle $k^{\text{ème}}$ module de tenseurs symétriques de</u> B <u>sur</u> A <u>et on note</u> $TS_A^k(B)$ <u>le sous-module de</u> $B^{\otimes k}$ <u>formée des tenseurs invariants par l'action du groupe symétrique</u> $\mathfrak{S}_k$.

1.2.5. PROPOSITION. <u>Si</u> B <u>est une</u> A-<u>algèbre</u> <u>de</u> $\mathcal{A}'$, <u>il en est de même de</u> $TS_A^k(B)$.

Puisque l'isomorphisme de commutativité du produit tensoriel est compatible avec le produit dans $B^{\otimes k}$, le produit de deux éléments invariants par l'action d'une permutation σ est encore invariant par l'action de σ, ce qui prouve que $TS_A^k(B)$ est une A-algèbre.

1.3. COMPLEXE SIMPLICIAL STRICT ASSOCIÉ A UNE TRACE

1.3.1. On suppose désormais que B est une A-algèbre de $\mathcal{A}'$, et on se donne une "trace" θ, morphisme de A-modules.

1.3.1. DÉFINITION. <u>On appelle complexe simplicial strict associé à</u> θ, <u>le complexe</u> :

$$\cdots \rightrightarrows B^{\otimes k} \underset{d_k^k}{\overset{d_1^k}{\rightrightarrows}} B^{\otimes k} \underset{d_{k-1}^{k-1}}{\overset{d_1^{k-1}}{\rightrightarrows}} \cdots \rightrightarrows B \underset{A}{\otimes} B \underset{d_2^2}{\overset{d_1^2}{\rightrightarrows}} B \xrightarrow{\theta = d_1^1} A$$

<u>où, si</u> $x_1 \ldots x_k$ <u>sont des éléments de</u> B, <u>on a posé</u> : $d_j^k(x_1 \otimes \ldots \otimes x_k) =$
$\theta(x_j) x_1 \otimes \ldots \otimes \hat{x}_j \otimes \ldots \otimes x_k - \sum_{\substack{\ell=1 \\ \ell \neq j}}^{k} x_1 \otimes \ldots \otimes x_\ell x_j \otimes \ldots \otimes \hat{x}_j \otimes \ldots \otimes x_k$.

Le fait que le complexe ci-dessus est semi-simplicial est bien connu. Le lecteur pourra aisément vérifier directement que l'on a : si $1 \leqslant j < h \leqslant k$, $d_j^{k-1} \circ d_h^k = d_{h-1}^{k-1} \circ d_j^k$.

1.3.2. DÉFINITION. <u>Dans le complexe semi-simplicial ci-dessus, l'application composée</u> : $B^{\otimes k} \to A$, <u>est indépendante du chemin suivi et induit donc une</u> k-<u>forme multilinéaire invariante par l'action de</u> $\mathfrak{S}_k$ <u>définie en</u> 1.1.3.3 <u>que nous noterons</u> $(x_1, \ldots, x_k) \mapsto P_\theta^k(x_1, \ldots, x_k)$ <u>et que nous appellerons</u> $k^{\text{ème}}$ <u>forme multilinéaire de Waring</u>.

1.4. CALCUL DES FORMES MULTILINEAIRES DE WÄRING

1.4.1. PROPOSITION. <u>Soit</u> x_i <u>un élément de</u> B <u>pour</u> $i = 1, 2, \ldots, k$. <u>On a alors</u> :

$$P_\theta^1(x_1) = \theta(x_1)$$

$$P_\theta^2(x_1, x_2) = \theta(x_1)\theta(x_2) - \theta(x_1 x_2)$$

$$P_\theta^3(x_1, x_2, x_3) = \theta(x_1)\theta(x_2)\theta(x_3) - \theta(x_1 x_2)\theta(x_3) - \theta(x_1)\theta(x_2 x_3) - \theta(x_1 x_3)\theta(x_2) + 2\theta(x_1 x_2 x_3)$$

et $P_\theta^k(x_1,\dots,x_k) = \sum_{s\in\mathcal{S}_k} (1)^{k-|s|} (\prod_{j=1}^{\infty} \frac{1}{j^{s(j)}}) \frac{1}{s!} \Big[\sum_{\sigma\in\mathfrak{S}_k} (\theta(x_{\sigma_1})\dots\theta(x_{\sigma_{s(1)}}))$

$(\theta(x_{\sigma_{s(1)+1}} x_{\sigma_{s(1)+2}})\dots\theta(x_{\sigma_{s(1)+2s(2)-1}} x_{\sigma_{s(1)+2s(2)}}))\dots$

$(\theta(x_{\sigma_{s(1)+2s(2)+\dots+(k-1)s(k-1)+1}} \dots x_{\sigma_k}))\Big]$

(1.4.1.1) où $\mathcal{S}_k$ est l'ensemble des applications s de $\mathbb{N}^*$ dans $\mathbb{N}$ telles que $\sum_{j=1}^{\infty} js(j) = k$, et où l'on a posé $|s| = \sum_{j=1}^{\infty} s(j)$ et $s! = \prod_j s(j)!$.

Cette formule peut se réécrire (1.4.1.2)

$$P_\theta^k(x_1,\dots x_k) = \sum_{\substack{\alpha_1 i_1+\dots+\alpha_\ell i_\ell=k \\ i_1<i_2<\dots<i_\ell}} (-1)^{k-\Sigma\alpha_i} (i_1-1)!^{\alpha_1}\dots(i_\ell-1)!^{\alpha_\ell}$$

$$\Big[\prod_{j=1}^{\ell} \prod_{h=0}^{\alpha_j-1} \theta(\prod_{r=1}^{i_j} x_{\sum_{m=1}^{\ell-1} \alpha_m i_m + hi_j + r})\Big]^\sigma$$

où σ désigne le symétrisé sans répétition du crochet (on recopie chaque terme différent obtenu en faisant permuter les x_i une fois.

L'équivalence entre les formules (1.4.1.1) et (1.4.1.2) est claire car (1.4.1.1) se réécrit :

$$P_\theta^k(x_1,\dots x_k) = \sum_{\substack{\alpha_1 i_1+\dots+\alpha_\ell i_\ell=k \\ i_1<\dots<i_\ell}} (-1)^{k-\Sigma\alpha_i} \frac{1}{i_1^{\alpha_1}\dots i_\ell^{\alpha_\ell}} \cdot \frac{1}{\alpha_1!\dots\alpha_\ell!}$$

$$\sum_{\sigma\in\mathfrak{S}_k} \prod_{j=1}^{\ell} \prod_{h=0}^{\alpha_j-1} \theta(\prod_{r=1}^{i_j} x_{\sigma(\prod_{m=1}^{\ell-1} \alpha_m i_m + hi_j + r)})$$

et il y a $\alpha_1!\dots\alpha_\ell!\,(i_1!)^{\alpha_1}\dots(i_\ell!)^{\alpha_\ell}$ éléments de $\mathfrak{S}_k$ donnant le même monôme.

Nous montrons donc (1.4.1.2) par récurrence sur k . La formule est vraie si $k=1$ par définition. De plus, on a :

$$P_\theta^{k+1}(x_1,\dots x_{k+1}) = P_\theta^k(x_1,\dots,x_k)\theta(x_{k+1}) - \sum_{\ell=1}^{k} P_\theta^k(x_1,x_2,\dots,x_\ell x_{k+1},\dots,x_k) .$$

Ainsi, chaque monôme M de $P_\theta^{k+1}(x_1,\dots x_{k+1})$ s'écrit, ou bien $M'.\theta(x_{k+1})$, ou bien $\theta(x_{i_1},\dots x_{i_j}\ x_{k+1})M''$ et d'après la formule ci-dessus, le coefficient de M dans $P_\theta^{k+1}(x_1,\dots,x_{k+1})$ doit être égal au coefficient de M' dans P_θ^k dans le premier cas, et à $-j$ fois le coefficient de $\theta(x_{i1}\dots x_{ij})M''$ dans P_θ^k dans le second cas. C'est bien ce que l'on vérifie sur la formule (1.4.1.2).

1.4.2. POLYNOMES DE WÄRING

1.4.2.1. DÉFINITION. <u>On appelle</u> $k^{\text{ème}}$ <u>polynôme de Waring associé à</u> θ, <u>et on note</u> $P_\theta^k(x)$ <u>l'application polynômiale associée par</u> (1.1.3.4) <u>à l'expression polarisée</u> $P_\theta^k(x_1,\dots,x_k)$: $P_\theta^k(x) = P_\theta^k(x,\dots,x)$.

P_θ^k est une application polynômiale de degré k de B dans A au sens de (1.1.3.4). Elle est définie sans hypothèse restrictive en vertu des conventions de (1.1.3.5).

Notons que puisque nous sommes en caractéristique zéro, on a :

$$(\forall x\in B\ ,\ P_\theta^k(x)=0) \iff (\forall x_1,\dots,x_k\in B\ ,\ P_\theta^k(x_1,x_2,\dots,x_k)=0)\ .$$

1.4.2.2. PROPOSITION. <u>On a</u> :

1°) $$P_\theta^k(x) = \sum_{s\in\mathcal{S}_k} (-1)^{k-(s)} \Big(\prod_{j=1}^{\infty} \frac{1}{j^{s(j)}}\Big)\frac{k!}{s!} \prod_{j=1}^{k} \theta(x^j)^{s(j)}$$

2°) $$P_\theta^k(x) = \begin{vmatrix} \theta(x) & \theta(x^2) & \cdots & \cdots & \theta(x^k) \\ 1 & \theta(x) & \ddots & \cdots & \theta(x^{k-1}) \\ & 2 & \theta(x) & \ddots & \vdots \\ & & 3\ \ddots & \ddots & \theta(x^2) \\ 0 & & & k-1 & \theta(x) \end{vmatrix}$$

La première relation résulte immédiatement de la proposition (1.4.1). Montrons la seconde par récurrence sur k. La relation est triviale si $k=1$. D'après les relations de récurrence déduites de (1.3.1), on a :

$$P_\theta^k(x) = \theta(x)P_\theta^{k-1}(x) - (k-1)P_\theta^{k-1}(x,x,\dots,x,x^2)$$

$$= \theta(x)P_\theta^{k-1} - (k-1)\theta(x^2)P_\theta^{k-2}(x) + (k-1)(k-2)P_\theta^{k-2}(x,\dots,x,x^3)$$

$$= \text{-------------}$$

$$= \sum_{i=1}^{k} (-1)^{i-1} \frac{(k-1)!}{(k-i)!} \theta(x^i)P_\theta^{k-i}(x) .$$

En développant le déterminant de l'énoncé suivant la dernière colonne, et en appliquant l'hypothèse de récurrence, on obtient bien la relation annoncée.

1.5. LA TRACE UNIVERSELLE

Soient A et B comme dans 1.3.1 et $k \in \mathbb{N}^*$.

1.5.1. DÉFINITION. On appelle trace universelle associée à A et B le morphisme de $TS_A^k(B)$-module $\rho_k : B \otimes_A TS_A^k(B) \to TS_A^k(B)$ donné par

$$\rho_k(b\otimes x) = \Big(\sum_{i=1}^{k} 1\otimes 1\otimes\dots\otimes \underset{\substack{\uparrow \\ i^{\text{ème}} \text{ place}}}{b} \otimes 1\otimes\dots\otimes 1\Big) . x .$$

1.5.2. PROPOSITION. Supposons que l'on ait A un anneau commutatif et $B = A[X]$. Alors, si l'on note S_j le $j^{\text{ème}}$ polynôme symétrique élémentaire, on a : $j!S_j = P_{\rho_k}^j(X)$, si $j \leqslant k$, et $P_{\rho_k}^j(X) = 0$ si $j > k$.

En d'autres termes, si $N_i = \rho_k(X^i)$ est le $i^{\text{ème}}$ polynôme symétrique de Newton, et si l'on pose d'après (1.4.2.2)

$$P_k(X_1,\dots X_k) = \begin{vmatrix} X_1 & X_2 & \cdots & \cdots & X_k \\ 1 & X_1 & X_2 & \cdots & X_{k-1} \\ & 2 & \ddots & \ddots & X_2 \\ 0 & & \ddots & k-1 & X_1 \end{vmatrix} , \text{ on a } \quad j!S_j = P_k(N_1,\dots,N_k) .$$

Notons $TS_A^k B = A[X_1,\dots X_k]^{\sigma}$. Plaçons-nous dans $TS_A^k B[[Y]]$ et posons $S'_j = (-1)^j S_j$ si $j \leqslant k$, et $S'_j = 0$ si $j > k$.

Soit $Q = \prod_{i=1}^{k} (1-X_iY) = \sum_{j=0}^{\infty} S'_j Y^j$. (*)

On a :

$$\log Q = \sum_{i=1}^{k} \log(1-X_iY) = - \sum_{p=1}^{\infty} \rho_k(X^p).\frac{1}{p} Y^p$$

d'où :

$$Q = \exp(\log Q) = \sum_{m=0}^{\infty} \frac{(\log Q)^m}{m!} = \sum_{m \geqslant 0} \frac{\left(-\sum_{p=1}^{\infty} \frac{1}{p}\, \rho_k(X^p) Y^p\right)^m}{m!} \;. \quad (**)$$

En comparant (*) et (**), il vient d'après la formule multinomiale :

$$S'_j = \sum_{s \in \mathcal{S}_j} (-1)^{|s|} \frac{1}{s!} \prod_{\ell=1}^{\infty} \frac{1}{\ell^{s(\ell)}} \prod_{i=1}^{k} (X^i)^{s(i)}$$

d'où en vertu de (1.4.2.2) 1°), $j!\, S'_j = (-1)^j\, P^j_{\rho_k}(X)$, ce qui prouve (1.5.2).

1.5.3. THÉORÈME. *Soient* A *et* B *comme dans* (1.3.1), *et soit* θ *un morphisme de* A-*modules* $\theta : B \to A$. *Alors les conditions suivantes sont équivalentes*.

(i) *Il existe un morphisme de* A-*algèbres* $\Psi : TS^k_A(B) \to A$ *tel que le diagramme suivant soit commutatif* :

$$\begin{array}{ccc} B \otimes TS^k_A(B) & \xrightarrow{P_k} & TS^k_A(B) \\ \uparrow{\scriptstyle pr_1} & & \downarrow{\scriptstyle \Psi} \\ B & \xrightarrow{\theta} & A \end{array}$$

(ii) $P^{k+1}_{\theta} : B \overset{k+1}{\underset{A}{\otimes}} \to A$ *est nul et* $\theta(1) = k$.

De plus, lorsque ces conditions sont vérifiées, Ψ *est déterminée de manière unique* ; *plus précisément on a, si* $\forall x_i \in B$:

$$\Psi\Big(\sum_{\sigma \in \mathfrak{S}_k} \sigma(x_1 \otimes \ldots \otimes x_k)\Big) = P^k_{\theta}(x_1, \ldots, x_k)$$

soit encore (1.1.3.5), (1.4.2.1) $k!\,\Psi(x^{\otimes k}) = P^k_{\theta}(x)$.

Montrons d'abord que si Ψ existe, on a bien :

$$\Psi\Big(\sum_{\sigma \in \mathfrak{S}_k} \sigma(x_1 \otimes \ldots \otimes x_k)\Big) = P^k_{\theta}(x_1, \ldots, x_k) \;.$$

Montrons pour cela par récurrence sur k la relation :

$$\sum_{\sigma \in \mathfrak{S}_k} \sigma(x_1 \otimes \ldots \otimes x_k) = P^k_{\rho_k}(x_1, \ldots, x_k) \qquad (1.5.3.1)$$

(on a identifié x_i et $pr_1(x_i)$).

Si l'on note ρ_{k+1}^{k} l'application : $B^{\overset{k}{\otimes}}_{A} \to B^{\overset{k+1}{\otimes}}_{A}$ donnée par

$\rho_{k+1}^{k}(x_1\otimes\ldots\otimes x_k) = \sum_{i=1}^{k+1} x_1\otimes x_2\otimes\ldots\otimes x_{j-1}\otimes 1\otimes x_i\otimes\ldots\otimes x_{k+1}$. On a en effet :

$$\sum_{\sigma\in\mathfrak{S}_{k+1}} \sigma(x_1\otimes\ldots\otimes x_{k+1}) = \rho_{k+1}^{k}\Big(\sum_{\sigma\in\mathfrak{S}_k} \sigma(x_1\otimes\ldots\otimes x_k)\rho_{k+1}(x_{k+1})$$

$$- \sum_{\ell=1} (-1)^{d_{k+1}(\sum_{\ell<h\leqslant k} d_h)} \rho_{k+1}^{k}\Big(\sum_{\sigma\in\mathfrak{S}_k} \sigma(x_1\otimes\ldots\otimes x_\ell x_{k+1}\otimes\ldots\otimes x_k\Big)$$

$$= \rho_{k+1}^{k}(P_{\rho_k}^{k}(x_1,\ldots,x_k))\rho_{k+1}(x_{k+1}) - \sum_{\ell=1}^{k} \rho_{k+1}^{k}(P_{\rho_k}^{k}(x_1,\ldots x_\ell x_{k+1},\ldots x_k))$$

$$= P_{\rho_{k+1}}^{k}(x_1,\ldots,x_k)\rho_{k+1}(x_{k+1}) - \sum_{\ell=1}^{k} P_{\rho_{k+1}}^{k}(x_1,\ldots,x_\ell x_{k+1},\ldots x_k)$$

$$= P_{\rho_{k+1}}^{k+1}(x_1,\ldots x_{k+1}) .$$

Ceci prouve (1.5.3.1).

Dès lors, si Ψ existe, on a :

$$\Psi\Big(\sum_{\sigma\in\mathfrak{S}_k} \sigma(x_1\otimes\ldots\otimes x_k)\Big) = \Psi(P_{\rho_k}^{k}(x_1,\ldots,x_k))$$

$$= P_{\Psi\circ\rho_k}^{k}(x_1,\ldots x_k) = P_{\theta}^{k}(x_1,\ldots x_k) \qquad (1.5.3.2) .$$

Ceci prouve l'unicité de Ψ , les éléments de la forme $\sum_{\sigma\in\mathfrak{S}_k} \sigma(x_1\otimes\ldots\otimes x_k)$ engendrant $TS_A^k(B)$ (on est en caractéristique zéro).

Montrons maintenant (i) $\Longrightarrow$ (ii).

Si Ψ existe, on a :

$$\theta(1) = \Psi\circ\rho_k\circ pr_1(1) = \Psi\circ\rho_k(1) = \Psi(k) = k\Psi(1) = k$$

et

$$P_{\theta}^{k+1}(x_1,\ldots x_{k+1}) = P_{\theta}^{k}(x_1,\ldots x_k).\theta(x_{k+1}) - \sum_{\ell=1}^{k} P_{\theta}^{k}(x_1,\ldots,x_\ell x_{k+1},\ldots x_k)$$

$$= \Psi\Big(\sum_{\sigma\in\mathfrak{S}_k} \sigma(x_1\otimes\ldots\otimes x_k)\Psi(\rho_k(x_{k+1})\Big) - \sum_{\ell=1}^{k} \Psi\Big(\sum_{\sigma\in\mathfrak{S}_k} \sigma(x_1\otimes\ldots\otimes x_\ell x_{k+1}\otimes\ldots\otimes x_k\Big)$$

$$= \Psi\Big[\sum_{\sigma\in\mathfrak{S}_k} \sigma(x_1\otimes\ldots\otimes x_k)\rho_k(x_{k+1}) - \sum_{\ell=1}^{k} \sigma(x_1\otimes\ldots\otimes x_\ell x_{k+1}\otimes\ldots\otimes x_k)\Big]$$

$$= \Psi(0) = 0 .$$

Montrons maintenant (ii) $\Longrightarrow$ (i).

On a tout d'abord le

1.5.3.3. LEMME. Soient R un anneau commutatif, et S une R-algèbre commutative engendrée par un sous-R-module A . Soit φ un morphisme de R-modules $S \to R$. Alors pour que φ soit un morphisme d'anneaux, il faut et il suffit que l'on ait $\varphi(1) = 1$, et

$$\forall s \in S \ , \ \forall \alpha \in A \ \varphi(s.\alpha) = \varphi(s)\varphi(\alpha) \ .$$

La nécessité est claire et, pour montrer la suffisance, il suffit de montrer que l'on a $\forall s \in S$, $\forall \alpha_1,\ldots \alpha_k \in A$ $\varphi(s.\prod_{i=1}^{k} \alpha_i) = \varphi(s)\varphi(\prod_{i=1}^{k} \alpha_i)$.

Or on a : $\varphi(s.\prod_{i=1}^{k} \alpha_i) = \varphi(s \prod_{i=1}^{k-1} \alpha_i)\varphi(\alpha_k) = \varphi(s \prod_{i=1}^{k-2} \alpha_i)\varphi(\alpha_{k-1})\varphi(\alpha_k)$

$=\ldots= \varphi(s) \prod_{i=1}^{k} \varphi(\alpha_i) = \varphi(s)\varphi(\alpha_1\alpha_2)\prod_{i=3}^{k} \varphi(\alpha_i) =\ldots= \varphi(s)\varphi(\prod_{i=1}^{k} \alpha_i)$.

Sous les hypothèses de (ii), soit Ψ l'unique morphisme de A-modules : $TS_A^k(B) \to A$ vérifiant (1.5.3.2). D'après (1.5.3.1), $TS_A^k(B)$ est engendrée en tant que A-algèbre par les termes de la forme $\rho_k(x)$. D'après (1.5.3.3), pour vérifier que Ψ est un morphisme d'anneaux, il suffit donc de montrer que l'on a :

- $\Psi(1) = 1$
- $\Psi(\sum_{\sigma\in\mathfrak{S}_k} \sigma(x_1\otimes\ldots\otimes x_k))\Psi(\rho_k(x_{k+1})) = \Psi(\sum_{\ell=1}^{k} \sum_{\sigma\in\mathfrak{S}_k} \sigma(x_1\otimes\ldots\otimes x_\ell x_{k+1}\otimes\ldots\otimes x_\ell)$.

Or la première relation s'écrit :

$$\Psi(1) = \Psi(\frac{1}{k} \rho_k(1) = \frac{1}{k} \theta(1) = 1 \quad \text{soit} \quad \theta(1) = k$$

et la seconde s'écrit

$$P_\theta^{k+1}(x_1,\ldots,x_{k+1}) = 0 \ , \text{ comme on l'a vu.}$$

Ceci termine la démonstration de 1.5.3.

1.5.4. COROLLAIRE. Si, sous les hypothèses du théorème (1.5.3) on suppose que pour tous $x_1,\ldots,x_{k+1} \in B$, on ait $P_\theta^{k+1}(x_1,\ldots,x_{k+1}) = 0$, alors, il existe une unique décomposition $A = \prod_{i=0}^{k} A_i$, telle que si $B_i = B \otimes_A A_i$, *et si* θ_i *est la trace* $B_i \to A_i$ *déduite de* θ *par le changement de base* $A \to A_i$ *alors les conditions* (i) *et* (ii) *du théorème* (1.5.3) *soient vérifiées pour* θ_i *et* i , *pour tout* $i \in \{0,1,\ldots k\}$.

On a d'abord le lemme :

1.5.4.1. LEMME. *Soit* A *une* $\mathbb{Q}$-*algèbre commutative, et soit* $u \in A$ *tel que* $\prod_{i=0}^{k} (u-i) = 0$. *Alors, il existe une unique décomposition* $A = \prod_{i=0}^{k} A_i$ *telle que l'image de* u *dans* A_i *soit égale à* i .

L'unicité est claire. Pour montrer l'existence il suffit de montrer que le morphisme $A \to \prod_{i=0}^{k} A/(u-i)$ est un isomorphisme. D'après le théorème chinois, il suffit de montrer que si $i \neq j$, $(u-i)+(u-j) = A$ et que $\bigcap_{i=0}^{k} (u-i) = (0)$ or si $i \neq j$, on a $1 = \frac{(u-i)-(u-j)}{j-i}$, et donc $A = (u-i)+(u-j)$.

Par ailleurs soit $x \in \bigcap_{i=0}^{k} (u-i)$. Pour $i = 0,\ldots k$, il existe $a_i \in A$ tel que $x = a_i(u-i)$. Soit P_i le polynôme $P_i(X) = \prod_{\substack{j=0 \\ j\neq i}}^{k} \frac{X-j}{i-j}$. On a donc $P_i(j) = \delta_{ij}$ et donc $\sum_{i=0}^{k} P_i - 1 = 0$ car ce polynôme de degré k a $(k+1)$ racines dans $\mathbb{Q}$. D'autre part, on a $(u-i)P_i(u) = \frac{\prod_{j=0}^{k} (u-j)}{\prod_{\substack{j=0 \\ j\neq i}}^{k} (i-j)} = 0$.

On déduit donc :

$$x = \sum_{i=0}^{k} P_i(u).x = \sum_{i=0}^{k} P_i(u)(u-i)a_i = 0$$

d'où $\bigcap_{i=0}^{k} (u-i) = 0$.

Ceci termine la démonstration de 1.5.4.1.

Montrons (1.5.4).

On peut dans la formule (1.4.2.2) 2°) remplacer x par 1 . On obtient

$$P_\theta^{k+1}(1) = \begin{vmatrix} \theta(1) & \theta(1) \ldots\ldots & \theta(1) \\ 1 & \theta(1) \ldots\ldots & \theta(1) \\ & 2 \ddots & \vdots \\ & \quad k & \theta(1) \end{vmatrix} = \prod_{j=0}^{k} (\theta(1)-j) = 0 \,.$$

D'après le lemme (1.5.4.1), il existe donc une unique décomposition $A = \prod_{i=0}^{k} A_i$ telle que si θ_i est le composé de θ et de la projection de A sur A_i, on ait $\theta_i(1) = i$. Par ailleurs, puisque la projection de A sur A_i est un morphisme d'anneaux, on a encore $P_{\theta_i}^{k+1} = 0$. De plus, en remarquant que l'on a : $P_{\theta_i}^{j+1}(x_1,\ldots,x_j,1)$ $= (\theta_i(1)-j)P_{\theta_i}^{j}(x_1,\ldots,x_j)$, on déduit par récurrence descendante sur j (j variant de k à $i+1$), que l'on a $P_{\theta_i}^{j} = 0$, et donc finalement $P_{\theta_i}^{i+1} = 0$. La condition (ii) de (1.5.3) est donc vérifiée pour θ_i et i.

1.6. REVÊTEMENT CANONIQUE DE $TS_A^k(B)$

1.6.1. DÉFINITION. <u>On note</u> $I_\#(B/A)$ <u>l'idéal de</u> $B \otimes_A TS_A^k(B)$ <u>engendré par les expressions de la forme</u>

$$\sum_{\sigma\in\mathfrak{S}_k} \left(\prod_{i=1}^{k} (x_i \otimes (1\otimes 1\otimes \ldots \otimes 1) - 1\otimes(1\otimes \ldots \otimes 1 \otimes \underset{\substack{\uparrow \\ \sigma(i)^{\text{ème}}\ \text{place}}}{x_i} \otimes 1 \otimes \ldots \otimes 1))\right) = Q_{\rho_k}^k(x_1,\ldots,x_k) \,.$$

<u>On appelle revêtement canonique de</u> $TS_A^k(B)$ <u>et on note</u> $B \# TS_A^k(B)$ <u>le quotient</u> $B \otimes TS_A^k(B)/I_\#(B/A)$.

REMARQUE. Cette notion de revêtement n'est pas compatible aux changements de base.

L'importance de ce revêtement provient de là.

1.6.2. PROPOSITION. <u>On a</u> $\rho_k/I_\# = 0$.

ρ_k étant un morphisme de $TS_A^k(B)$-modules, il nous suffit de montrer que pour tous $x_1,\ldots,x_{k+1}$ dans B, on a : $\rho_k(Q_{\rho_k}^k(x_1,\ldots,x_k)x_{k+1}) = 0$.

Montrons d'abord le

1.6.2.1. LEMME. <u>On a</u> :

$$Q^k_{\rho_k}(x_1,\dots,x_k) = \sum_{j=0}^{k} (-1)^{k-j} \sum_{\sigma\in\mathfrak{S}_k} \frac{1}{j!} P^j_{\rho_k}(x_{\sigma_1},\dots x_{\sigma_j})x_{\sigma_{j+1}}\dots x_{\sigma_k} .$$

On conserve ici les conventions de signe de (1.1) $Q^k_{\rho_k}$ étant une fonction symétrique en $x_1,\dots,x_k$, puisque l'on est en caractéristique zéro, on peut supposer $x_1 = \dots = x_k = x$. Notant $y_i = 1\otimes 1\otimes\dots\otimes x\otimes 1\otimes\dots\otimes 1$, ($i^{\text{ème}}$ place)

on a alors $\frac{1}{k!} Q^k_{\rho_k}(x) = \prod_{i=1}^{k} (x-y_i) = \sum_{j=0}^{k} (-1)^{k-j} S^j(y)\, x^{k-j}$ où $S^j(y)$ est la $j^{\text{ème}}$ fonction symétrique en les y_i . D'après la proposition (1.5.2), on a $S^j(y) = \frac{1}{j!} P^j_{\rho_k}(x)$, ce qui prouve le lemme.

Ce lemme nous conduit à poser la

1.6.2.2. DÉFINITION. <u>Soient</u> A , B <u>et</u> θ <u>comme dans</u> (1.3.1). <u>On pose</u>

$$Q^k_\theta(x_1,\dots x_k) = \sum_{j=0}^{k} \frac{(-1)^{k-j}}{j!} \sum_{\sigma\in\mathfrak{S}_k} P^j_\theta(x_{\sigma_1},\dots,x_{\sigma_j})x_{\sigma_{j+1}}\dots x_{\sigma_k} .$$

1.6.2.3. REMARQUE. Notons que si A et B sont des anneaux commutatifs et si l'on suppose par exemple que B est fini de degré k sur A et est plat sur A , si l'on note R_x le polynôme caractéristique de la multiplication par x dans le A-module B , on a $Q^k_\theta(x) = R_x(x) = 0$ d'après le théorème de Cayley-Hamilton (si θ est la trace canonique de B dans A).

On a le

1.6.2.4. LEMME. <u>On a la relation</u> $P^{k+1}_\theta(x_1,\dots,x_{k+1}) = \theta(Q^k_\theta(x_1,\dots x_k)x_{k+1})$.

Montrons d'abord par récurrence sur k la relation (1.6.2.4.1)

$$Q^k_\theta(x_1,\dots,x_k) = Q^{k-1}_\theta(x_1,\dots,x_{k-1})[\theta(x_k)-x_k] - \sum_{\ell=1}^{k-1} Q^{k-1}_\theta(x_1,\dots,x_\ell x_k,\dots,x_{k-1})$$

Le second membre de l'expression ci-dessus est égal à :

$$\sum_{j=0}^{k-1} \frac{(-1)^{k-1-j}}{j!} \sum_{\sigma\in\mathfrak{S}_{k-1}} P^j_\theta(x_{\sigma_1},\dots,x_{\sigma_j})x_{\sigma_{j+1}}\dots x_{\sigma_{k-1}}[x_k-\theta(x_k)] - \sum_{\ell=1}^{k-1}$$

$$\sum_{j=0}^{k-1} \frac{(-1)^{k-1-j}}{j!} \Big[\sum_{\substack{\sigma\in\mathfrak{S}_{k-1}\\ \sigma^{-1}(\ell)\leqslant j}} P^j_\theta(x_{\sigma_1},\dots x_\ell x_k,\dots x_{\sigma_j})x_{\sigma_{j+1}}\dots x_{\sigma_{k-1}}$$

$$+ \sum_{\substack{\sigma\in\mathfrak{S}_{k-1}\\ \sigma^{-1}(\ell)>j}} P_\theta^j(x_{\sigma_1},\dots,x_{\sigma_j})x_{\sigma_{j+1}}\dots x_\ell x_k \dots x_{\sigma_{k-1}}\Big]$$

ce qui, en vertu des relations de récurrence sur les P_θ^j , se réécrit

$$\sum_{j=0}^{k-1} \frac{(-1)^{k-j}}{j!} \sum_{\sigma\in\mathfrak{S}_{k-1}} P_\theta^j(x_{\sigma_1},\dots x_{\sigma_j})x_{\sigma_{j+1}}\dots x_{\sigma_{k-1}}x_k$$

$$+ \sum_{j=0}^{k-1} \frac{(-1)^{k-j}}{j!} \sum_{\sigma\in\mathfrak{S}_{k-1}} P_\theta^{j+1}(x_{\sigma_1},\dots x_{\sigma_j},x_k)x_{\sigma_{j+1}}\dots x_{\sigma_{k-1}}$$

$$+ \sum_{j=0}^{k-1} \frac{(-1)^{k-j}}{j!} \sum_{\sigma\in\mathfrak{S}_{k-1}} P_\theta^j(x_{\sigma_1},\dots x_{\sigma_j})x_{\sigma_{j+1}}\dots x_{\sigma_{k-1}}x_k$$

$$= \sum_{j=0}^{k} \frac{(-1)^{k-j}}{j!} \sum_{\sigma\in\mathfrak{S}_{k}} P_\theta^j(x_{\sigma_1},\dots x_{\sigma_j})x_{\sigma_{j+1}}\dots x_{\sigma_k} = Q_\theta^k(x_1,\dots,x_k)$$

ce qui prouve (1.6.2.4.1).

Montrons maintenant par récurrence sur k le lemme (1.6.2.4). La formule est vraie pour $k=0$. On a : $P_\theta^{k+1}(x_1,\dots,x_{k+1})$

$$= P_\theta^k(x_1,\dots x_k)\theta(x_{k+1}) - \sum_{\ell=1}^{k} P_\theta^k(x_1,\dots,x_\ell x_{k+1},\dots x_k)$$

$$= \theta(x_1Q_\theta^{k-1}(x_2,\dots,x_k))\theta(x_{k+1}) - \theta(x_1x_{k+1}Q_\theta^{k-1}(x_2,\dots x_k))$$

$$- \sum_{\ell=2}^{k} \theta(x_1Q_\theta^{k-1}(x_2,\dots,x_\ell x_{k+1},\dots x_k)) = \theta(x_1Q_\theta^k(x_2,\dots,x_{k+1}))$$

d'après (1.6.2.4.1) ce qui prouve (1.6.2.4).

Notons enfin que la proposition (1.6.2) résulte immédiatement des lemmes (1.6.2.1) et (1.6.2.4) puisque, en vertu du théorème (1.5.3), on a $P_{\rho_k}^{k+1}=0$.

1.6.3. COROLLAIRE. <u>Soient</u> A , B <u>et</u> θ <u>comme dans</u> (1.3.1). <u>On suppose que</u> θ <u>vérifie les conditions équivalentes du théorème</u> (1.5.3). <u>Alors, si</u> J_θ <u>est l'idéal de</u> B <u>engendré par les</u> $Q_\theta^k(x_1,\dots x_k)$, <u>on a</u> $\theta_{|J_\theta}=0$. <u>On dira que</u> θ <u>est à support dans</u> B/J_θ .

Cela résulte immédiatement de la propriété (i) du théorème (1.5.3) et de la proposition (1.6.2).

1.6.4. CAS COMMUTATIF

Si A et B sont deux $\mathbb{C}$-algèbres commutatives si l'on note $Y = \mathrm{Spec}\, A$, $X = \mathrm{Spec}\, B$ et $X \# \mathrm{Sym}_Y^k X$ le spectre de $B \otimes TS_A^k(B)/I_{\#}$, ensemblistement $X \# \mathrm{Sym}_Y^k X$ a ses points fermés de la forme $(x,(y_1,\dots,y_k))$, où x est l'un des points y_i.

Si Z est un sous-schéma fermé de X, fini et plat sur Y, on dispose d'une trace $\theta : \mathcal{O}_Z \to A$, et donc d'une trace $\theta : B \to A$, qui vérifie les conditions de (1.5.3) pour un entier k, et qui induit donc un morphisme $f : Y \to \mathrm{Sym}_Y^k X$. Si l'on note alors $Z_{\#}$ le produit cartésien

$$\begin{array}{ccc} Z_{\#} & \longrightarrow & X_{\#}\mathrm{Sym}_Y^k X \\ \downarrow & & \downarrow \\ Y & \xrightarrow{f} & \mathrm{Sym}_Y^k X \end{array}$$

, alors $Z_{\#} = \mathrm{Spec}(B/J_\theta)$ (1.6.3), a même support ensembliste que Z, et l'on a un morphisme $Z \to Z_{\#}$ qui est ensemblistement l'identité. Toutefois, même si Z est réduit, ce n'est pas en général un isomorphisme.

En général, J_θ n'est pas le plus grand idéal inclus dans $\mathrm{Ker}\,\theta$.

1.7. SOMMES DE TRACES ET TRACES DE TRACES

Soient A et B comme dans (1.3.1). A deux morphismes d'anneaux $\Psi_1 : TS_A^{k_1}(B) \to A$ et $\Psi_2 : TS_A^{k_2}(B) \to A$, correspond un morphisme $\Psi_1 \times \Psi_2 : TS_A^{k_1+k_2}(B) \to A$ qui est le morphisme composé : $TS_A^{k_1+k_2}(B) \to TS_A^{k_1}(B) \otimes TS_A^{k_2}(B) \xrightarrow{\Psi_1 \otimes \Psi_2} A$. Si θ_1 et θ_2 sont les traces associées à Ψ_1 et Ψ_2 par le théorème (1.5.3), $\theta_1 + \theta_2$ est la trace associée à $\Psi_1 \times \Psi_2$. Nous exprimons ici la relation entre les $P_{\theta_1+\theta_2}^k$, $P_{\theta_1}^k$ et $P_{\theta_2}^k$ correspondant à cette remarque.

1.7.1. PROPOSITION. <u>Soient</u> A <u>et</u> B <u>comme dans</u> (1.3.1) <u>et soient</u> θ_1 <u>et</u> θ_2 <u>deux morphismes de</u> A <u>modules</u> $B \to A$. <u>Alors, pour tout</u> $k \in \mathbb{N}$, <u>pour tous</u> $x_i \in B$, <u>si l'on pose</u> $P_\theta^0 = 1$, <u>on a</u> :

$$P_{\theta_1+\theta_2}^k(x_1,\dots x_k) = \sum_{\substack{k_1+k_2=k \\ k_i \geq 0}} \frac{1}{k_1!\,k_2!} \sum_{\sigma \in \mathfrak{S}_k} P_{\theta_1}^{k_1}(x_{\sigma_1},\dots,x_{\sigma_{k_1}}) P_{\theta_2}^{k_2}(x_{\sigma_{k_1+1}},\dots x_{\sigma_k}).$$

On procède par récurrence sur k. La formule est triviale pour $k=1$. Si elle est vraie pour k, on a : $P^{k+1}_{\theta_1+\theta_2}(x_1,\dots x_{k+1})$

$$= P^{k}_{\theta_1+\theta_2}(x_1,\dots,x_k)[\theta_1(x_{k+1})+\theta_2(x_{k+1})] - \sum_{\ell=1}^{k} P^{k}_{\theta_1+\theta_2}(x_1,\dots,x_\ell x_{k+1},\dots,x_k)$$

$$= \Big[\sum_{k_1+k_2=k} \frac{1}{k_1!k_2!} \sum_{\sigma\in\mathfrak{S}_k} P^{k_1}_{\theta_1}(x_{\sigma_1},\dots x_{\sigma_{k_1}})P^{k_2}_{\theta_2}(x_{\sigma_{k_1+1}},\dots,x_{\sigma_k})\Big]$$

$$[\theta_1(x_{k+1})+\theta_2(x_{k+1})] - \sum_{k_1+k_2=k} \frac{1}{k_1!k_2!} \sum_{\sigma\in\mathfrak{S}_k}$$

$$\Big[\sum_{\ell=1}^{k_1} P^{k_1}_{\theta_1}(x_{\sigma_1},\dots,x_{\sigma_\ell}x_{k+1},\dots x_{\sigma_{k_1}})\, P^{k_2}_{\theta_2}(x_{\sigma_{k_1+1}},\dots,x_{\sigma_k}) + \sum_{\ell=k_1+1}^{k}$$

$$P^{k_1}_{\theta_1}(x_{\sigma_1},\dots,x_{\sigma_{k_1}})\, P^{k_2}_{\theta_2}(x_{\sigma_{k_1+1}},\dots,x_{\sigma_\ell}\, x_{k+1},\dots,x_{\sigma_k})\Big]$$

$$= \sum_{k_1+k_2=k} \frac{1}{k_1!k_2!} \sum_{\sigma\in\mathfrak{S}_k} \Big[P^{k_1+1}_{\theta_1}(x_{\sigma_1},\dots,x_{\sigma_{k_1}},x_{k+1})\, P^{k_2}_{\theta_2}(x_{\sigma_{k_1+1}},\dots,x_{\sigma_k})$$

$$+ P^{k_1}_{\theta_1}(x_{\sigma_1},\dots,x_{\sigma_{k_1}})\, P^{k_2+1}_{\theta_2}(x_{\sigma_{k_1+1}},\dots,x_{\sigma_k},x_{k+1})\Big]$$

$$= \sum_{k_1+k_2=k+1} \frac{1}{k_1!k_2!} \sum_{\sigma\in\mathfrak{S}_{k+1}} P^{k_1}_{\theta_1}(x_{\sigma_1},\dots,x_{\sigma_{k_1}})\, P^{k_2}_{\theta_2}(x_{\sigma_{k_1+1}},\dots,x_{\sigma_{k_2}})$$

ceci termine la démonstration.

1.7.2. COROLLAIRE. Soient A et B comme dans (1.3.1) et soient $\theta_1,\dots,\theta_\ell$ des morphismes de A-modules de B dans A, tels que pour $i=1,\dots,\ell$, on ait $P^{k_i+1}_{\theta_i}=0$. Alors, pour tous entiers positifs $\alpha_1,\dots,\alpha_\ell$, on a $P^{\Sigma\alpha_i k_i+1}_{\Sigma\alpha_i\theta_i}=0$.

Par récurrence sur $\sum_{i=1}^{\ell}\alpha_i$, on est ramené au cas $\ell=2$, $\alpha_1=\alpha_2=1$. On a alors $P^{k_1+1}_{\theta_1}=P^{k_2+1}_{\theta_2}=0$. En remarquant que si $\ell_1+\ell_2=k_1+k_2+1$, on a soit $\ell_1 \geqslant k_1+1$, soit $\ell_2\geqslant k_2+1$, donc soit $P^{\ell_1}_{\theta_1}=0$, soit $P^{\ell_2}_{\theta_2}=0$, on déduit de la proposition (1.7.1) que l'on a $P^{k_1+k_2+1}_{\theta_1+\theta_2}=0$.

Ces deux énoncés peuvent se généraliser comme suit :

1.7.3. PROPOSITION. Soient A une $\mathbb{Q}$-algèbre commutative, B une A-algèbre commutative et C une B-algèbre commutative. Soient $\theta_1 : B \to A$ un morphisme de A-modules et $\theta_2 : C \to B$ un morphisme de B-modules. Alors, pour tout $k \in \mathbb{N}^*$, on a :

$$P^k_{\theta_1 \circ \theta_2}(x) = \sum_{s \in \mathcal{S}_k} \frac{k!}{\prod_{i \in \mathbb{N}} (i!)^{s(i)}} \frac{1}{s!} P^{|s|}_{\theta_1}(\ldots, P^i_{\theta_2}(x)^{\otimes s(i)}, \ldots)$$

(où l'on a posé $P_\theta^{s_1+\ldots+s_r}(X_1^{\otimes s_1}, \ldots, X_r^{\otimes s_r})$

$$= P_\theta^{s_1+\ldots+s_r}(\underbrace{X_1, \ldots X_1}_{s_1}, \ldots, \underbrace{X_i, \ldots, X_i}_{s_i}, \ldots, \underbrace{X_r, \ldots X_r}_{s_r}) .$$

On procède par récurrence sur k. La formule est triviale pour $k=1$. Si elle est vraie pour k, on a :

$$P^{k+1}_{\theta_1 \circ \theta_2}(x) = \theta_1 \circ \theta_2(x)\, P^k_{\theta_1 \circ \theta_2}(x) - k\, P^k_{\theta_1 \circ \theta_2}(x, \ldots x, x^2)$$

$$= \sum_{s \in \mathcal{S}_k} \frac{1}{s!} \frac{k!}{\prod_{i=1}^{\infty} (i!)^{s(i)}} \Big[\theta_1(\theta_2(x)) P^{|s|}_{\theta_1}(\ldots, P^i_{\theta_2}(x)^{\otimes s(i)}, \ldots) - k \sum_{j \in \mathbb{N}} \frac{j}{k} s(j)$$

$$P^{|s|}_{\theta_1}(\ldots, P^i_{\theta_2}(x)^{\otimes s(i)}, \ldots, P^j_{\theta_2}(x)^{\otimes s(j)-1}, P^j_{\theta_2}(x, \ldots x, x^2), \ldots)\Big]$$

$$= \sum_{s \in \mathcal{S}_k} \frac{k!}{s! \prod_{i=1}^{\infty} (i!)^{s(i)}} \Big[(\theta_1(\theta_2(x)) P^{|s|}_{\theta_1}(\ldots, P^i_{\theta_2}(x)^{\otimes s(i)}, \ldots) - \sum_{j \in \mathbb{N}} s(j)$$

$$P^{|s|}_{\theta_1}(, \ldots, P^j_{\theta_2}(x)^{\otimes s(j)-1}, P^j_{\theta_2}(x).\theta_2(x), \ldots)) + \sum_{j \in \mathbb{N}} s(j)$$

$$P^{|s|}_{\theta_1}(\ldots, P^i_{\theta_2}(x)^{\otimes s(i)}, \ldots, P^j_{\theta_2}(x)^{\otimes s(j)-1}, P^j_{\theta_2}(x)\theta_2(x) - P^j_{\theta_2}(x, \ldots, x, x^2), \ldots)\Big]$$

$$= \sum_{s \in \mathcal{S}_k} \frac{k!}{s! \prod_{i=1}^{\infty} (i!)^{s(i)}} \Big[P^{|s|+1}_{\theta_1}(\theta_2(x), \ldots, P^i_{\theta_2}(x)^{\otimes s(i)}, \ldots) + \sum_{j \in \mathbb{N}} s(j)$$

$$P^{|s|}_{\theta_1}(\ldots, P^i_{\theta_2}(x)^{\otimes s(i)}, \ldots, P^j_{\theta_2}(x)^{\otimes s(j)-1}, P^{j+1}_{\theta_2}(x), \ldots)\Big]$$

$$= \sum_{s \in \mathcal{S}_{k+1}} \frac{(k+1)!}{s! \prod_{i=1}^{\infty} (i!)^{s(i)}} P^{|s|}_{\theta_1}(\ldots, P^i_{\theta_2}(x)^{\otimes s(i)}, \ldots) .$$

Ceci termine la démonstration de 1.7.3.

1.7.4. COROLLAIRE. Si, sous les hypothèses de (1.7.3), on suppose que l'on a $P_{\theta_1}^{k_1+1} = 0$ et $P_{\theta_2}^{k_2+1} = 0$, alors on a $P_{\theta_1 \circ \theta_2}^{k_1k_2+1} = 0$.

En effet soit $s \in \mathcal{S}_{k_1k_2+1}$ tel que $|s| \leqslant k_1$. Soit m le plus grand entier tel que $s(m) \neq 0$. On a alors

$$k_1k_2 < k_1k_2+1 = \sum_{i=1}^{m} i\, s(i) \leqslant m \sum_{i=1}^{m} s(i) = m\,|s| \leqslant m\, k_1$$

d'où $m > k_2$.

Par conséquent, si $s \in \mathcal{S}_{k_1k_2+1}$, soit on a $|s| \geqslant k_1+1$, soit il existe un entier $i \geqslant k_2+1$ tel que $s(i) \neq 0$.

Dans les deux cas, on a $P_{\theta_1}^{|s|}(\ldots, P_{\theta_2}^{i}(x)^{\otimes s(i)}, \ldots) = 0$, et on déduit de la proposition (1.7.3) que l'on a $P_{\theta_1 \circ \theta_2}^{k_1k_2+1} = 0$.

1.8. SUR LES ÉQUATIONS DE $TS_A^k(B)$

Lorsque B est une A-algèbre engendrée par des éléments $x_1, x_2, \ldots, x_s$, en vertu de (1.5.3.1) $TS_A^k(B)$ est une A-algèbre engendrée par les éléments $\rho_k(x_{i_1} x_{i_2} \ldots x_{i_r})$, $i_1, \ldots i_r \in \{1,2,\ldots s\}$. Il est donc naturel de chercher des équations entre les $\rho_k(x_{i_1} \ldots x_{i_r})$ (outre celles que l'on peut déduire des équations entre les x_i).

On a la

1.8.1. PROPOSITION. Soient A, B et θ comme dans (1.3.1). On suppose que θ vérifie les propriétés équivalentes du théorème (1.5.3) ($\theta(1) = k$ $P_\theta^{k+1} = 0$). Alors, pour tous $x_1, \ldots, x_k, y_1, \ldots, y_k$ dans B, on a :

$$\det\begin{pmatrix} k & \theta(x_1) & \theta(x_2) \ldots\ldots \theta(x_k) \\ \theta(y_1) & \theta(x_1y_1) & \theta(x_2y_1) \ldots\ldots \theta(x_ky_1) \\ \vdots & & \vdots \\ \theta(y_k) & \theta(x_1y_k) & \theta(x_2y_k) \ldots\ldots \theta(x_ky_k) \end{pmatrix} = 0$$

où le det est une forme multilinéaire en les x_i et les y_i au sens de (1.1).

1.8.2. LEMME. Soit $P = (P_i)$ une partition de $\{1,\ldots,k\}$, et soit $S_k^{(P)}$ le sous-groupe de S_k formé des substitutions laissant globalement invariants les P_i . Alors, on a :

$$\sum_{\sigma\in\mathfrak{S}_k^{(P)}} \varepsilon(\sigma) = \begin{cases} 1 \text{ si } \operatorname{card}(P_i) = 1 \quad \forall i \in I \\ 0 \text{ sinon.} \end{cases}$$

Si tous les P_i n'ont qu'un élément, $\mathfrak{S}_k^{(P)}$ est réduit à l'identité, donc $\sum_{\sigma\in\mathfrak{S}_k^{(P)}} \varepsilon(\sigma) = \varepsilon(id) = 1$.

Si l'un des P_i a au moins deux éléments, la transposition τ échangeant ces deux éléments appartient à $\mathfrak{S}_k^{(P)}$ et l'application $\sigma \mapsto \tau\circ\sigma$ de $\mathfrak{S}_k^{(P)}$ dans lui-même est une bijection de sorte que l'on a :

$$\sum_{\sigma\in\mathfrak{S}_k^{(P)}} \varepsilon(\sigma) = \sum_{\sigma\in\mathfrak{S}_k^{(P)}} \varepsilon(\tau\circ\sigma) = -\sum_{\sigma\in\mathfrak{S}_k^{(P)}} \varepsilon(\sigma) = 0 .$$

1.8.3. LEMME. Soient A un anneau, B une A-algèbre et θ un morphisme de A-modules de B dans A comme dans (1.3.1). Alors, si $x_1,\dots x_{k+1}$, $y_1,\dots y_{k+1}$ sont des éléments de B , on a

$$\begin{vmatrix} \theta(x_1y_1) & \theta(x_2y_1) \dots & \theta(x_{k+1}y_1) \\ \theta(x_1y_2) & & \vdots \\ \vdots & \theta(x_jy_i) & \vdots \\ \theta(x_1y_{k+1}) & \dots\dots & \theta(x_{k+1}y_{k+1}) \end{vmatrix} = \sum_{\sigma\in\mathfrak{S}_{k+1}} \varepsilon(\sigma)\, P_\theta^{k+1}(x_1y_{\sigma(1)},\dots,x_iy_{\sigma(i)},\dots \dots,x_{k+1}y_{\sigma(k+1)})$$

Exprimons le terme de droite. On a, d'après (1.4.1)

$$\sum_{\sigma\in\mathfrak{S}_{k+1}} \varepsilon(\sigma)P_\theta^{k+1}(x_1y_{\sigma_1},\dots,x_{k+1}y_{\sigma_{k+1}}) = \sum_{s\in\mathcal{S}_{k+1}} (-1)^{k+1-|s|} \Big(\prod_{j=1}^{\infty} \frac{1}{j^{s(j)}}\Big).$$

$$\frac{1}{s!} \sum_{\sigma\in\mathfrak{S}_{k+1}} \sum_{\tau\in\mathfrak{S}_{k+1}} \varepsilon(\tau)\big(\theta(x_{\sigma_1}y_{\tau\circ\sigma_1})\dots\theta(x_{\sigma_{s(1)}}y_{\tau\circ\sigma_{s(1)}})\big)$$

$$(\theta(x_{\sigma_{s(1)+1}}x_{\sigma_{s(1)+2}}y_{\tau\circ\sigma_{s(1)+1}}y_{\tau\circ\sigma_{s(1)+2}})\dots$$

$$\theta(x_{\sigma_{s(1)+2s(2)-1}}x_{\sigma_{s(1)+2s(2)}}y_{\tau\circ\sigma_{s(1)+2s(2)-1}}y_{\tau\circ\sigma_{s(1)+2s(2)-1}})\dots(\dots)\dots$$

$$\dots\theta(x_{\sigma_{s(1)+2s(2)+\dots+ks(k)+1}}\dots x_{\sigma_{k+1}}y_{\tau\circ\sigma_{s(1)+\dots+ks(k)+1}}\dots y_{\tau\circ\sigma_{k+1}})).$$

Le coefficient d'un terme $\theta(x_{\sigma_1} y_{\tau\circ\sigma_1}) \ldots \theta(x_{\sigma_{s(1)+\ldots+ks(k)+1}} \ldots$
$y_{\tau\circ\sigma_{k+1}}$ est donc si $(P)_{s,\tau,\sigma}$ est la partition de $\{1,\ldots,k+1\}$ en les ensembles $\{\tau\circ\sigma_1\},\ldots,\{\tau\circ\sigma_{s(1)}\},\{\tau\circ\sigma_{s(1)+1},\tau\circ\sigma_{s(1)+2}\},\ldots$
$\{\tau\circ\sigma_{s(1)+2s(2)-1},\tau\circ\sigma_{s(1)+2s(2)}\},\ldots,\{\tau\circ\sigma_{s(1)+2s(2)+\ldots+ks(k)+1},\ldots,\tau\circ\sigma_{k+1}\}$,
égal à :

$$(-1)^{k+1-|s|} \left(\prod_{j=1}^{\infty} \frac{1}{j^{s(j)}}\right)\frac{1}{s!} \times \left[s! \prod_{j=1}^{\infty} (j!)^{s(j)} \left(\sum_{t\in\mathfrak{S}_{k+1}^{(P)_{s,\tau,\sigma}}} \varepsilon(t)\right)\right]\varepsilon(\tau)$$

soit encore à : $\begin{cases} 0 \text{ si } s(1) < k+1 \\ 1 \text{ si } s(1) = k+1 \quad (\text{et } s(j) = 0 \text{ si } j > 1) \end{cases}$

d'après le lemme (1.8.2).

On déduit donc

$$\sum_{\sigma\in\mathfrak{S}_{k+1}} \varepsilon(\sigma) P_\theta^{k+1}(x_1 y_{\sigma(1)},\ldots,x_{k+1}y_{\sigma(k+1)}) = \sum_{\sigma\in\mathfrak{S}_{k+1}} \varepsilon(\sigma)\theta(x_1 y_{\sigma(1)})\ldots$$
$$\ldots\theta(x_{k+1}y_{\sigma(k+1)})$$

ce qui prouve le lemme.

1.8.4. DÉMONSTRATION DE 1.8.1.

(1.8.1) résulte immédiatement de (1.8.3) en faisant $x_1 = y_1 = 1$ et en utilisant $\theta(1) = k$ et $P_\theta^{k+1} = 0$.

1.8.5. REMARQUES

1.8.5.1. Soient t_i^j ($i = 1$ à p, $j = 1$ à k) les coordonnées de k copies de $\mathbb{C}^p$. Posons $N_{\ell_1\ldots\ell_p} = \sum_{j=1}^{k} \left(\prod_{i=1}^{p} (t_i^j)^{\ell_i}\right)$. Soit φ_h le morphisme de $\mathrm{Sym}^k(\mathbb{C}^p)$ dans $\mathbb{C}^{\binom{p+h}{h}-1}$ qui, au point de coordonnées (t_i^j) associe le point de coordonnées $N_{\ell_1\ldots\ell_p}$, pour $0 < \ell_1+\ell_2+\ldots+\ell_p \leqslant h$. On a alors la

PROPOSITION. a) _Pour_ $h \geqslant k$, φ_h _est un plongement de_ $\mathrm{Sym}^k(\mathbb{C}^p)$ _dans_ $\mathbb{C}^{\binom{p+h}{h}-1}$.

b) _Si_ $p \geqslant k$, _l'idéal de_ $\mathrm{Sym}^k(\mathbb{C}^p)$ _dans_ $\mathbb{C}^{\binom{p+k}{k}-1}$ _est engendré par les expressions déduites de_ (1.8.1) _de la forme_

(1.8.5.1.1)
$$\begin{vmatrix} k & N_{\tilde{\ell}^1} \cdots\cdots N_{\tilde{\ell}^k} \\ N_{\tilde{\ell},1} & N_{\tilde{\ell}^1+\tilde{\ell},1} \cdots N_{\tilde{\ell}^k+\tilde{\ell},1} \\ \vdots & \vdots \qquad\qquad \vdots \\ N_{\tilde{\ell},k} & N_{\tilde{\ell}^1+\tilde{\ell},k} \cdots N_{\tilde{\ell}^k+\tilde{\ell},k} \end{vmatrix}$$

<u>pour</u> $\tilde{\ell}^j = (\ell_1^j,\ldots,\ell_p^j)$ <u>avec</u> $\sum_{i=1}^{p} (\ell_i^j+\ell_i^h) \leqslant k \;\forall (h,j) \in \{1,\ldots k\}^2$.

c) <u>Si</u> $p < k$, <u>l'idéal de</u> $\mathrm{Sym}^k(\mathbb{C}^p)$ <u>dans</u> $\mathbb{C}^{\binom{p+2k}{2k}-1}$ <u>pour le plongement</u> φ_{2k} <u>est engendré par les expressions</u> (1.8.5.1.1) <u>pour</u> $\sum_{i=1}^{p} (\ell_i^j+\ell_i^h) \leqslant 2k$ <u>et par les formes de Waring</u> $P_\theta^{k+1}(t^{\tilde{\ell}^1},\ldots,t^{\tilde{\ell}^{k+1}})$ <u>où</u> $\theta(t^{\tilde{\ell}}) = N_{\tilde{\ell}}$, <u>pour</u> $\sum_{j=1}^{k+1} \sum_{i=1}^{p} \ell_i^j \leqslant 2k$.

Dans le cas c), la borne $2k$ choisie n'est bien sûr pas la plus petite borne possible en général.

Cette proposition sera démontrée dans un travail ultérieur et ne sera pas utilisée ici (cf. (6.4.2) pour un exemple simple).

1.8.5.2. La proposition (1.8.5.1) traite le cas des polynômes multisymétriques. Pour l'étude des fractions rationnelles multisymétriques, on peut consulter [24], où il est montré notamment que le $n^{\text{ème}}$ produit symétrique d'une variété rationnelle est encore rationnel.

Ce résultat est à rapprocher d'une question de Safarevich demandant si les composantes irréductibles du schéma de Chow d'un espace projectif sont des variétés rationnelles.

2. CLASSES DE COHOMOLOGIE LOCALE ET RÉSIDUS

2.1. RÉSIDUS ET TRACES DE DIFFÉRENTIELLES

2.1.1. DONNÉES

On se placera dans la situation suivante : soit S un schéma de caractéristique zéro. Soit X un schéma lisse sur S purement de dimension relative $n+p$ et soit $|Z|$ un fermé de X de dimension relative inférieure ou égale à n. On note j l'immersion fermée : $Z_{red} \to X$, où Z_{red} est le schéma réduit sous-jacent au fermé $|Z|$.

On dira qu'un couple (f,B) est une projection de Z, si B est un S-schéma lisse irréductible purement de dimension relative n, f est un S-morphisme $X \to B$, tel que le morphisme composé $h = f \circ j : Z_{red} \to B$ soit un morphisme fini.

2.1.2. CLASSES DE COHOMOLOGIE LOCALE ET TRACES

Nous considérerons des classes appartenant à $H^p_{|Z|}(X,\Omega^p_{X/S})$. La théorie de la dualité (cf. [20] pour plus de détails) nous donne la

2.1.2. PROPOSITION. <u>Si pour tout</u> $m \geq 0$, <u>on note</u> Z_m <u>le</u> $m^{\text{ème}}$ <u>voisinage infinitésimal de</u> Z_{red}, j_m <u>le morphisme</u> $Z_m \to X$, <u>et</u> $h_m = f \circ j_m$, <u>on a</u> :

$$H^p_{|Z|}(X,\Omega^p_{X/S}) \simeq \varinjlim_m (\mathrm{Hom}(h_{m_*}\, j_m^* \,\Omega^n_{X/S},\Omega^n_{B/S}) .$$

En effet, on a :

$$H^p_{|Z|}(X,\Omega^p_{X/S}) = \varinjlim_m \mathrm{Ext}^p(j_{m}{}_*\mathcal{O}_{Z_m},\Omega^p_{X/S}) \text{ , et}$$

$\mathrm{Ext}^p(j_{m}{}_*\mathcal{O}_{Z_m},\Omega^p_{X/S})$

$\simeq \mathrm{Hom}(j_{m}{}_*\mathcal{O}_{Z_m},\Omega^p_{X/S}[p])$ (décalage)

$\simeq \mathrm{Hom}(j_{m}{}_*\mathcal{O}_{Z_m},\Omega^{n+p}_{X/S} \otimes \check{\Omega}^n_{X/S}[p])$ (dualité sur X)

$\simeq \mathrm{Hom}(j_{m}{}_*\mathcal{O}_{Z_m} \otimes \Omega^n_{X/S}[n],\Omega^{n+p}_{X/S}[n+p])$ $(\mathrm{Hom}(A,\mathrm{Hom}(B,C)) \simeq \mathrm{Hom}(A\otimes B,C))$

$\simeq \mathrm{Hom}(j_{m}{}_*\mathcal{O}_{Z_m} \otimes \Omega^n_{X/S}[n],K^{\cdot}_{X/S})$ (X lisse sur S)

$\simeq \mathrm{Hom}(j_m^*(\Omega^n_{X/S})[n], K^{\cdot}_{Z_m/S})$ (Fonctorialité du dual pour une immersion)

$\simeq \mathrm{Hom}(j_m^*(\Omega^n_{X/S})[n], h_m^{-1} \underline{\underline{R}} \mathrm{Hom}(h_{m*} \mathcal{O}_{Z_m}, K^{\cdot}_{B/S}))$ (Fonctorialité du dual pour un morphisme fini)

$\simeq \mathrm{Hom}(h_{m*}j_m^*(\Omega^n_{X/S})[n], K^{\cdot}_{B/S})$ (Dualité sur B)

$\simeq \mathrm{Hom}(h_{m*}j_m^*(\Omega^n_{X/S})[n], \Omega^n_{B/S}[n])$ (B lisse sur S)

$\simeq \mathrm{Hom}(h_{m*}j_m^*(\Omega^n_{X/S}), \Omega^n_{B/S})$ (décalage).

Dans le reste du chapitre 2, on se fixe une classe c dans $H^p_{|Z|}(X, \Omega^p_{X/S})$.

Rappelons qu'une telle classe est en fait une section globale d'un faisceau $\underline{\mathrm{Ext}}^p(j_{m*}\mathcal{O}_{Z_m}, \Omega^p_{X/S})$ puisque l'on a :

$$\mathrm{Ext}^p(j_{m*}\mathcal{O}_{Z_m}, \Omega^p_{X/S}) = H^0(X, \underline{\mathrm{Ext}}^p(j_{m*}\mathcal{O}_{Z_m}, \Omega^p_{X/S})) .$$

(Ceci résulte de ce que la dimension de Z est inférieure ou égale à n).

Par ailleurs, rappelons que l'on a une suite exacte :

$$0 \longrightarrow H^p_{|Z|}(\Omega^p_{X/S} \to \Omega^{p+1}_{X/S} \to \dots) \longrightarrow H^p_{|Z|}(\Omega^p_{X/S}) \xrightarrow{d'} H^p_{|Z|}(\Omega^{p+1}_{X/S})$$

de sorte que si l'on suppose $d'c = 0$, ce que nous ferons à partir de (2.2), c peut être considéré comme une classe de $H^p_{|Z|}(\Omega^p_{X/S} \to \Omega^{p+1}_{X/S} \to \dots)$.

En particulier, grâce au morphisme de complexes

$$\begin{array}{ccccccccc} 0 & \longrightarrow & 0 & \longrightarrow & 0 \longrightarrow & \Omega^p_{X/S} & \longrightarrow & \Omega^{p+1}_{X/S} & \longrightarrow \dots \\ \downarrow & & \downarrow & & & \downarrow & & \downarrow & \\ \mathcal{O}_X & \longrightarrow & \Omega^1_{X/S} & \longrightarrow & \dots \longrightarrow & \Omega^p_{X/S} & \longrightarrow & \Omega^{p+1}_{X/S} & \longrightarrow \dots \end{array}$$

on peut lui associer une classe en cohomologie de De Rham : $c \in H^{2p}_{|Z|}(\mathcal{O}_X \to \Omega^1_{X/S} \to \dots \to \Omega^p_{X/S} \to \dots)$.

Pour un m, il correspond à c, d'après la proposition (2.1.2) un homomorphisme appelé trace et noté $\theta : h_{m*}j_m^*(\Omega^n_{X/S}) \to \Omega^n_{B/S}$.

Si (B', f') est une autre projection de Z, on a de même une trace $\theta' : h'_{m*}j'^*_m(\Omega^n_{X/S}) \to \Omega^n_{B'/S}$. L'objet de ce chapitre est de comparer les propriétés des traces θ et θ'.

Soient A un anneau, M un A-module, $f_1, \ldots f_i$ des éléments de A ; l'image d'un élément a de $M/(f_1^r, \ldots, f_i^r)$ dans $\varinjlim_n (M/(f_1^n, \ldots, f_i^n))$ sera notée par le symbole $\begin{bmatrix} a \\ f_1^r \ldots f_i^r \end{bmatrix}$ (cf. [13]).

Si Z peut ensemblistement être défini par p équations $f_1, \ldots f_p$ dans X, la classe c peut alors s'écrire :

$$c = \begin{bmatrix} \omega_o \\ f_1^r \ldots f_p^r \end{bmatrix} \quad \text{avec} \quad \omega_o \in \Omega^p_{X/S} .$$

Alors, si $\omega \in \Omega^n_{X/S}$, on a :

$$\theta(\omega) = \mathrm{Res}_{X/B} \begin{bmatrix} \omega \wedge \omega_o \\ f_1^r \ldots f_p^r \end{bmatrix} \quad ([20])([8]) .$$

2.1.3. PROLONGEMENT DES TRACES

La trace $\theta : h_{m*} j_m^*(\Omega^n_{X/S}) \to \Omega^n_{B/S}$ se prolonge en une trace notée encore θ : $\theta : h_{m*} j_m^*(\Omega^\cdot_{X/S}) \to \Omega^\cdot_{B/S}$ d'après la

2.1.3. PROPOSITION. <u>Il existe un unique morphisme de $\Omega^\cdot_{B/S}$-modules gradués, de degré</u> 0, $h_{m*} j_m^*(\Omega^\cdot_{X/S}) \to \Omega^\cdot_{B/S}$, <u>noté encore</u> θ, <u>et qui induise en degré</u> n <u>le morphisme</u> $\theta : h_{m*} j_m^*(\Omega^n_{X/S}) \to \Omega^n_{B/S}$ <u>donné</u>.

B étant lisse sur S, par bidualité, on a :

$\Omega^\cdot_{B/S} \simeq \mathrm{Hom}_{\mathcal{O}_B}(\mathrm{Hom}_{\mathcal{O}_B}(\Omega^\cdot_{B/S}, \Omega^n_{B/S}), \Omega^n_{B/S})$, de sorte que l'homomorphisme :

$$\Omega^k_{B/S} \to \mathrm{Hom}_{\mathcal{O}_B}(\Omega^{n-k}_{B/S}, \Omega^n_{B/S})$$
$$\omega \mapsto \varphi_\omega : (\omega' \mapsto \omega \wedge \omega')$$

définit un isomorphisme $\Omega^\cdot_{B/S} \simeq \mathrm{Hom}_{\mathcal{O}_B}(\Omega^\cdot_{B/S}, \Omega^n_{B/S})$.

On a dès lors

$$\mathrm{Hom}_{\Omega^\cdot_{B/S}}(h_{m*} j_m^* \Omega^\cdot_{X/S}, \Omega^\cdot_{B/S}) \simeq \mathrm{Hom}_{\Omega^\cdot_{B/S}}(h_{m*} j_m^* \Omega^\cdot_{X/S}, \mathrm{Hom}_{\mathcal{O}_B}(\Omega^\cdot_{B/S}, \Omega^n_{B/S}))$$
$$\simeq \mathrm{Hom}_{\Omega^\cdot_{B/S}}(h_{m*} j_m^* \Omega^\cdot_{X/S} \otimes_{\mathcal{O}_B} \Omega^\cdot_{B/S}, \Omega^n_{B/S}) \simeq \mathrm{Hom}_{\mathcal{O}_B}(h_{m*} j_m^* \Omega^\cdot_{X/S}, \Omega^n_{B/S}) .$$

Si l'on note $\mathrm{Hom}^0_{\Omega^\cdot_{B/S}}(h_{m*} j_m^* \Omega^\cdot_{X/S}, \Omega^\cdot_{B/S})$ l'ensemble des morphismes de degré 0, on en déduit

$$\mathrm{Hom}^0_{\Omega^\cdot_{B/S}}(h_{m*} j_m^* \Omega^\cdot_{X/S}, \Omega^\cdot_{B/S}) \simeq \mathrm{Hom}_{\mathcal{O}_B}(h_{m*} j_m^* \Omega^n_{X/S}, \Omega^n_{B/S})$$

ce qui montre la proposition 2.1.3.

Si $\Omega^1_{B/S}$ est un $\mathcal{O}_B$-module libre, si $(\omega_1,\dots,\omega_n)$ est une base de $\Omega^1_{B/S}$, si I est un sous-ensemble de $\{1,\dots,n\}$ nous noterons $\omega_I = \bigwedge_{\substack{i\in I \\ i \text{ croissant}}} \omega_i$, ${}^cI$ le complémentaire de I dans $\{1,\dots,n\}$, $\varepsilon(I)$ l'entier égal à ± 1 tel que $\omega_{c_I} \wedge \omega_I = \varepsilon(I)\omega_{\{1\dots n\}}$, et

$$\frac{x\omega_J}{\omega_I} = \begin{cases} 0 & \text{si } I \not\subset J \\ x\omega_{J\cap c_I} & \text{si } I \subset J \ . \end{cases}$$

Avec ces notations, le prolongement de θ déterminé par (2.1.3), est donné par la formule : si $\omega \in \Omega^k_{X/S}$, $\theta(\omega) = \sum_{\substack{I\subset\{1,\dots n\} \\ \# I = n-k}} \varepsilon(I) \dfrac{\theta(\omega\wedge\omega_I)}{\omega_I}$.

2.1.4. CLASSES DE COHOMOLOGIE LOCALE d'-FERMÉES

Nous noterons d' la différentielle :

$$d' : H^p_{|Z|}(X,\Omega^{\cdot}_{X/S}) \to H^p_{|Z|}(X,\Omega^{\cdot+1}_{X/S}) \ .$$

Rappelons (cf. [12]) que, si l'on écrit les éléments de $H^p_{|Z|}(X,\Omega^p_{X/S})$ sous forme de symboles (2.1.2), la dérivation d' se fait comme pour les fractions.

2.1.4. PROPOSITION. <u>Soit</u> $c \in H^p_{|Z|}(X,\Omega^p_{X/S})$, <u>et soit</u> $\theta : h_m{*}j^*_m\Omega^{\cdot}_{X/S} \to \Omega^{\cdot}_{B/S}$, <u>la trace qui lui est associée par</u> (2.1.2) <u>et</u> (2.1.3). <u>Alors les propriétés suivantes sont équivalentes</u> :

(i) $d'c = 0$

(ii) $\theta\circ d_{X/S} = d_{B/S}\circ\theta$.

Si $\omega \in \Omega^{n-1}_{X/S}$, on a :

$$\theta\circ d_{X/S}(\omega) - d_{B/S}\circ\theta(\omega) = \mathrm{Res}_B((d\omega)\cap c) - d_{B/S}\circ\theta(\omega) \ .$$

Or, d'après ([12] III 3.1.1 (ii)), on a $d_{B/S}\circ\theta(\omega) = \mathrm{Res}_B(d'(\omega\cap c))$, puisque la trace des complexes-dualisants commute à la différentielle d'. On en déduit donc :

$$\theta\circ d_{X/S}(\omega) - d_{B/S}\circ\theta(\omega) = \mathrm{Res}_B((d\omega)\wedge c - d'(\omega\wedge c)) = (-1)^{d^{\cdot}(\omega)}\mathrm{Res}_B(\omega\wedge d'c) \ .$$

La propriété (i) de (2.1.4) est donc équivalente à $\forall\omega \in \Omega^{n-1}_{X/S}$, $\theta \circ d_{X/S}(\omega) = d_{B/S} \circ \theta(\omega)$.

Pour en déduire que $\forall\omega \in \Omega^{\bullet}_{X/S}$, on a alors également $\theta \circ d_{X/S}(\omega) = d_{B/S} \circ \theta(\omega)$, il suffit alors de suivre les isomorphismes de la démonstration de (2.1.3) :

si θ est la trace : $h_m{}_* j_m^* \Omega^{\bullet}_{X/S} \to \Omega^{\bullet}_{B/S}$, l'image par ces isomorphismes de $\theta \circ d_{X/S} - d_{B/S} \circ \theta$ est l'élément de $\mathrm{Hom}_{\mathcal{O}_B}(h_m{}_* j_m \Omega^{n-1}_{X/S}, \Omega^n_{B/S})$ égal à $\theta \circ d_{X/S} - d_{B/S} \circ \theta$. ($\theta \circ d_{X/S} - d_{B/S} \circ \theta$ est un $\Omega^{\bullet}_{B/S}$-homomorphisme car si $\omega' \in \Omega^{\bullet}_{B/S}$, on a :

$$\theta \circ d_{X/S} - d_{B/S} \circ \theta(\omega \wedge \omega') = \theta(d\omega) \wedge \omega' + (-1)^{d^o(\omega)}\theta(\omega) \wedge d\omega' - d(\theta(\omega) \wedge \omega')$$
$$= \theta \circ d_{X/S} - d_{B/S} \circ \theta(\omega) \wedge \omega').$$

Nous supposerons désormais que la classe fixée en (2.1.2) vérifie les propriétés de (2.1.4) donc que $d'c = 0$.

2.2. CHANGEMENT DE PROJECTION INFINITÉSIMAL

2.2.1. AUTOMORPHISME INFINITÉSIMAL

Rappelons le résultat suivant :

2.2.1. PROPOSITION. <u>Soient</u> R <u>un anneau de caractéristique zéro</u>, $\mathfrak{N}$ <u>son nilradical</u>, <u>et</u> A <u>une</u> R-<u>algèbre</u> <u>lisse</u> ; <u>soit</u> ψ <u>le morphisme</u> $A \to A/\mathfrak{N}A$. <u>Alors tout</u> R <u>automorphisme</u> φ <u>de</u> A <u>tel que</u> $\psi \circ \varphi = \psi$ <u>s'écrit d'une manière unique</u> $\varphi = \exp(U) = \sum_{n \geq 0} \frac{U^n}{n!}$, <u>où</u> U <u>est une</u> R-<u>dérivation</u> <u>de</u> A <u>telle que</u> $\psi \circ U = 0$.

En termes géométriques, l'exponentielle est une bijection du groupe des champs de vecteurs de Spec A triviaux au-dessus de $(\mathrm{Spec}\ R)_{red}$ sur le groupe des automorphismes de Spec A triviaux au-dessus de $(\mathrm{Spec}\ R)_{red}$.

Si U est une R-dérivation de A, et si $\varphi = \exp U$, on a $\varphi(xy) = \sum_{n \geq 0} \frac{U^n(xy)}{n!} = \sum_{k,k'} \frac{1}{k'k'!} U^k(x)U^{k'}(y) = \varphi(x)\varphi(y)$, et $\varphi \circ \exp(-U) = \exp(-U) \circ \varphi = id_A$, de sorte que φ est bien un automorphisme de A ; de plus si $\psi \circ U = 0$, on a $\psi \circ \varphi = \psi \circ \exp(0) = \psi$.

Si φ est un automorphisme de A tel que $\psi\circ\varphi=\psi$, posons $U = \mathrm{Log}(1+(\varphi-id_A)) = \sum_{n>0} (-1)^{n-1} \frac{(\varphi-id_A)^n}{n}$. Puisque $\psi\circ(\varphi-id_A) = 0$, on a : $\psi\circ U=0$, de plus, on a $U(xy) = \sum_{n>0} (-1)^{n-1} \frac{(\varphi-id_A)^n}{n} (xy)$.

Or, si $f = \varphi-id_A$, on a : $f(xy) = f(x)f(y) + f(x)y + xf(y)$ et donc

$$f^n(xy) = \sum_{i+j\leqslant 2n} a^n_{ij}\, f^i(x)\, f^j(y)$$

où a^n_{ij} est le coefficient de X^iY^j dans $(XY+X+Y)^n$. Or, puisque l'on a : $\log(1+X) + \log(1+Y) = \log(1+XY+X+Y)$, on déduit

$$\sum_{n>0} (-1)^{n-1} \frac{X^n+Y^n}{n} = \sum_{n>0} \frac{(-1)^{n-1}}{n} \left(\sum_{i,j} a^n_{ij}\, X^i\, Y^j\right)$$

d'où
$$\sum_{n>0} \frac{(-1)^{n-1}}{n} a^n_{ij} = \begin{cases} 0 & \text{si } ij\neq 0 \\ \frac{(-1)^{i-1}}{i} & \text{si } j=0 \\ \frac{(-1)^{j-1}}{j} & \text{si } i=0 \end{cases}$$

On a donc

$$U(xy) = \sum_{n>0} \frac{(-1)^{n-1}}{n} f^n(xy) = \sum_{n>0} \frac{(-1)^{n-1}}{n} \sum_{i+j\leqslant 2n} a^n_{i,j}\, f^i(x)f^j(y)$$
$$= \sum_i \frac{(-1)^{i-1}}{i} f^i(x).y + \sum_j \frac{(-1)^{j-1}}{j}\, x\, f^j(y) = U(x).y + xU(y)\ .$$

Finalement U est une R-dérivation de A telle que $\psi\circ U=0$. De plus, l'identité $\exp(\mathrm{Log}(1+T)) = 1+T$ prouve que l'on a $\varphi = id + (\varphi-id) = \exp(\mathrm{Log}(1+(\varphi-id_A))) = \exp U$ ce qui prouve la surjectivité de l'application exp. Comme on a également, $U = \mathrm{Log}(1 + (\exp U-id_A))$, l'application exponentielle est également injective, ce qui termine la démonstration.

2.2.2. TRANSFORMATION D'UNE TRACE PAR DES CHAMPS DE VECTEURS

Soient $S = \mathrm{Spec}\ R$ un schéma affine de caractéristique zéro, X et B deux S-schémas affines lisses sur S, respectivement purement de dimension $n+p$ et n. Soit un S-morphisme $f : X \to B$, à fibres purement de dimension p ; f est alors un morphisme plat ([EGA] IV 15.4.2).

Dans toute la suite, nous considérons des champs de vecteurs (sur X ou sur B), ou encore des sections de $f^*(\mathcal{T}_{B/S})$; si l'on note T ou U un tel objet, cela signifiera qu'il agit par contraction : si ω est une forme différentielle, $U\omega$ est la contraction de U et de ω. Nous noterons $\mathcal{L}_U$ la dérivée de Lie de U ($\mathcal{L}_U = dU + Ud$) (si U est un champ de vecteurs sur X ou sur B).

Soit $\Xi_{X/B} = \Gamma(X, f^*(\mathcal{T}_{B/S}))$, où $\mathcal{T}_{B/S}$ est le faisceau tangent de B sur S. On a alors $f^*(\mathcal{T}_{B/S}) \simeq \mathrm{Hom}(\Omega^1_{B/S}, \mathcal{O}_B) \otimes \mathcal{O}_X$.

Un élément quelconque de $\Xi_{X/B}$ s'écrit donc localement $U = \sum_{i\in I} T_i\, x_i$, où T_i est un champ de vecteurs de B/S et où $x_i \in \mathcal{O}_X$.

Si U est un champ de vecteurs sur $X(U \in \Gamma(X, \mathcal{T}_{X/S}))$, U induit une section globale de $f^*(\mathcal{T}_{B/S})$ que nous noterons $f(U)$. La notation H_U désignera U ou $\mathcal{L}_U = dU + Ud$. H_U pourra être considéré comme une dérivation de $\Omega^{\cdot}_{X/S}$ de degré 0 si $H_U = \mathcal{L}_U$ et -1 si $H_U = U$. On a alors le :

2.2.2.1. LEMME. 1) <u>Si</u> $U \in \Gamma(X, \mathcal{T}_{X/S})$, <u>si</u> $U = Tx$ <u>avec</u> $T \in \Gamma(X, \mathcal{T}_{X/S})$, $x \in \Gamma(X, \mathcal{O}_X)$ <u>on a</u> $\mathcal{L}_U = \mathcal{L}_T . x - T(dx)$.

2) <u>Si</u> $U \in \Gamma(X, \mathcal{T}_{X/S})$, <u>on a</u> : $\mathcal{L}_U . d = d . \mathcal{L}_U$.

3) $\mathcal{L}_{U_1+U_2} = \mathcal{L}_{U_1} + \mathcal{L}_{U_2}$, <u>si</u> $U_1, U_2 \in \Gamma(X, \mathcal{T}_{X/S})$.

4) <u>Si</u> $U_1, U_2 \in \Gamma(X, \mathcal{T}_{X/S})$, <u>on a les relations</u>

a) $U_1 U_2 + U_2 . U_1 = 0$

b) $\mathcal{L}_{U_1} . U_2 - U_1 . \mathcal{L}_{U_2} = d(U_2 . U_1) - (U_2 . U_1) d$.

5) <u>Si</u> $U_o, U_1 \ldots U_n \in \Gamma(X, \mathcal{T}_{X/S})$, <u>si</u> $x \in \Gamma(X, \mathcal{O}_X)$ <u>si</u> $\omega \in \Gamma(X, \Omega^{\cdot}_{X/S})$, <u>on a les relations</u> :

a) $$U_o x H_{U_1} \ldots H_{U_n}(\omega) = \sum_{I \subset \{1,\ldots,n\}} (-1)^{\# I}\, U_o \prod_{\substack{i \in {}^c I \\ i \text{ croissant}}} H_{U_i} \Big(\big(\prod_{\substack{i \in I \\ i \text{ décroissant}}} H_{U_i} \big)(x) \omega \Big) .$$

b) $\mathcal{L}_{U_o} x H_{U_1}\cdots H_{U_n}(\omega) = \sum_{I\subset\{1,\ldots,n\}} (-1)^{\# I}\mathcal{L}_{U_o} \prod_{\substack{i\in{}^cI \\ i \text{ croissant}}} H_{U_i}((\prod_{\substack{i\in I \\ i \text{ décroissant}}} H_{U_i})(x)\omega) - \sum_{I\subset\{1,\ldots,n\}} (-1)^{\# I+\sum_{i\in\{1,\ldots,n\}}(d^oH_{U_i})}U_o$

$\prod_{\substack{i\in{}^cI \\ i \text{ croissant}}} H_{U_i}((\prod_{\substack{i\in I \\ i \text{ décroissant}}} H_{U_i})(dx)\omega)$.

6) <u>Si</u> $T_1, T_2 \in \Gamma(X,\mathcal{T}_{X/S})$, $x_1, x_2 \in \Gamma(X,\mathcal{O}_X)$, <u>si l'on pose</u> $U_1 = x_1T_1$ <u>et</u> $U_2 = x_2T_2$, <u>et si l'on suppose de plus que l'on a</u> $[T_1,T_2] = [\mathcal{L}_{T_1},T_2] = [\mathcal{L}_{T_2},T_1] = [\mathcal{L}_{T_1},\mathcal{L}_{T_2}] = 0$, <u>alors</u>, <u>on a</u> :

a) $[\mathcal{L}_{U_1},U_2] = \mathcal{L}_{U_1}(x_2)T_2 - \mathcal{L}_{U_2}(x_1)T_1$

b) $[\mathcal{L}_{U_1},\mathcal{L}_{U_2}] = \mathcal{L}_{\mathcal{L}_{U_1}(x_2)T_2} - \mathcal{L}_{\mathcal{L}_{U_2}(x_1)T_1}$.

1) On a : $\mathcal{L}_U = dTx + Txd = dTx + Tdx - T(dx) = \mathcal{L}_T.x - T(dx)$.

2) On a : $\mathcal{L}_U.d = (Ud+dU)d = dUd = d(Ud+dU) = d\mathcal{L}_U$.

3) On a : $\mathcal{L}_{U_1+U_2} = d(U_1+U_2) + (U_1+U_2)d = dU_1 + U_1d + dU_2 + U_2d = \mathcal{L}_{U_1} + \mathcal{L}_{U_2}$.

4) Puisque X est lisse sur S , d'après (EGA IV 16.6.5.1), on peut trouver une base de $\Gamma(X,\mathcal{G}_{X/S})$ formée d'éléments anticommutant deux à deux, d'où a).

On a $\mathcal{L}_{U_1}U_2 - U_1\mathcal{L}_{U_2} = dU_1U_2 + U_1dU_2 - U_1dU_2 - U_1U_2d$, d'où b).

5) On a les relations :

$$xH_U = H_U.x - H_U(x) \quad \text{et} \quad (dx)H_U = (-1)^{d^oH_U}(H_U.dx - H_U(dx))$$

d'où par récurrence sur n , les relations :

$$x H_{U_1}\cdots H_{U_n} = \sum_{I\subset\{1,\ldots,n\}} (-1)^{\# I} \prod_{\substack{i\in{}^cI \\ i\nearrow}} H_{U_i}((\prod_{\substack{i\in I \\ i\searrow}} H_{U_i})(x)) \quad \text{et}$$

$$(dx)H_{U_1}\cdots H_{U_n} = \sum_{I\subset\{1,\ldots,n\}} (-1)^{\# I+\sum_{i\in\{1,\ldots,n\}} d^oH_{U_i}} \prod_{\substack{i\in{}^cI \\ i\nearrow}} H_{U_i}((\prod_{\substack{i\in I \\ i\searrow}} H_{U_i})(x)).$$

5a) et 5b) résultent alors de ces formules et de 1).

6)a) On a : $[\mathcal{L}_{U_1},U_2] = [\mathcal{L}_{U_1},x_2T_2] = \mathcal{L}_{U_1}(x_2)T_2 + x_2[\mathcal{L}_{U_1},T_2]$

$= \mathcal{L}_{U_1}(x_2)T_2 + x_2[\mathcal{L}_{T_1}x_1,T_2] - x_2[T_1(dx_1),T_2] = \mathcal{L}_{U_1}(x_2)T_2 + x_2[\mathcal{L}_{T_1},T_2]x_1$

$- x_2.\mathcal{L}_{T_2}(x_1)T_1 + x_2[T_1,T_2]dx_1 = \mathcal{L}_{U_1}(x_2)T_2 - \mathcal{L}_{U_2}(x_1)T_1$.

b) On a : $[\mathcal{L}_{U_1},\mathcal{L}_{U_2}] = [\mathcal{L}_{T_1}x_1 - T_1(dx_1), x_2\mathcal{L}_{T_2} + (dx_2)T_2]$

$= \mathcal{L}_{T_1}(x_1x_2)\mathcal{L}_{T_2} - T_1(x_2dx_1)\mathcal{L}_{T_2} + \mathcal{L}_{T_1}(x_1dx_2)T_2 - T_1(dx_1dx_2)T_2$

$- \mathcal{L}_{T_2}(x_1x_2)\mathcal{L}_{T_1} - T_2(x_1dx_2)\mathcal{L}_{T_1} + \mathcal{L}_{T_2}(x_2dx_1)T_1 - T_2(dx_2dx_1)T_1$

$= x_1\mathcal{L}_{T_1}(x_2)\mathcal{L}_{T_2} + d(x_1\mathcal{L}_{T_1}(x_2))\mathcal{L}_{T_2} - x_2\mathcal{L}_{T_2}(x_1)\mathcal{L}_{T_1} - d(x_2\mathcal{L}_{T_2}(x_1))\mathcal{L}_{T_2}$

$= \mathcal{L}_{\mathcal{L}_{U_1}(x_1)T_2} - \mathcal{L}_{\mathcal{L}_{U_2}(x_1)T_1}$.

2.2.2.2. DÉFINITION. <u>Soit</u> $\theta : f_*\Omega^{\cdot}_{X/S} \to \Omega^{\cdot}_{B/S}$ <u>un morphisme de</u> $\Omega^{\cdot}_{B/S}$-<u>modules, de degré</u> 0 . <u>Soient</u> $U_o,\ldots,U_n$ <u>des champs de vecteurs sur</u> $X(U_i \in \Gamma(X,\mathcal{C}_{X/S}))$ <u>tels que l'on ait</u> $f(U_i) = T_ix_i$ <u>où</u> T_i <u>est un champ de vecteurs sur</u> $B(T_i \in \Gamma(B,\mathcal{C}_{B/S})$ <u>et</u> $x \in \Gamma(X,\mathcal{O}_X)$. <u>On définit alors par récurrence sur</u> n , <u>l'expression</u> $H_{U_o}H_{U_1}\ldots H_{U_n}(\theta)$ <u>comme étant l'application</u> $\Omega^{\cdot}_{X/S} \to \Omega^{\cdot}_{B/S}$, <u>de degré</u> $\sum_{i=0}^{n} \deg H_{U_i}$, <u>donnée par</u>

$$U_o(\theta)(\omega) = T_o\theta(x_o\omega)$$

$$\mathcal{L}_{U_o}(\theta)(\omega) = dU_o(\theta)(\omega) + U_o(\theta)(d\omega) = dT_o\theta(x_o\omega) + T_o\theta(x_od\omega) = \mathcal{L}_{T_o}.\theta(x_o\omega) - T_o\theta(dx_o\omega)$$

<u>et par récurrence</u>

$$U_oH_{U_1}\ldots H_{U_n}(\theta)(\omega) = \sum_{I\subset\{1,\ldots,n\}} (-1)^{\#I}\, T_o.((\prod_{\substack{i\in{}^cI\\ i\nearrow}} H_{U_i})(\theta)((\prod_{\substack{i\in I\\ i\searrow}} H_{U_i})(x).\omega))$$

$$\mathcal{L}_{U_o}H_{U_1}\ldots H_{U_n}(\theta)(\omega) = \sum_{I\subset\{1,\ldots,n\}} (-1)^{\#I}\, \mathcal{L}_{T_o}((\prod_{\substack{i\in{}^cI\\ i\nearrow}} H_{U_i})(\theta)((\prod_{\substack{i\in I\\ i\searrow}} H_{U_i}(x).\omega))$$

$$- \sum_{I\subset\{1,\ldots,n\}} (-1)^{\#I+\sum_{i\in\{1,\ldots,n\}}(\deg H_{U_i})}\, T_o((\prod_{\substack{i\in{}^cI\\ i\nearrow}} H_{U_i})(\theta)((\prod_{\substack{i\in I\\ i\searrow}} H_{U_i})(dx).\omega)).$$

Ces expressions proviennent naturellement de (2.2.2.1) 5). Tout champ de vecteurs U sur X s'écrivant localement comme une somme de champs de vecteurs U_j tels que l'on puisse écrire $f(U_j) = T_jx_j$, il suffit de vérifier que dans la définition ci-dessus, $H_{U_o}\dots H_{U_n}(\theta)$ ne dépend que de $U_o,\dots U_n$ pour que par linéarité, la définition de $H_{U_o}\dots H_{U_n}(\theta)$ s'étende à des champs de vecteurs quelconques $U_o,\dots U_n$ sur X .

Nous nous contenterons de la vérification dans le premier cas. Si on écrit $f(U_o) = (T_o b).x = T_o(bx)$, on déduit

$$\sum_{I\subset\{1,\dots n\}} (-1)^{\# I}\, T_o.b\big((\prod_{\substack{i\in {}^c I\\ i\nearrow}} H_{U_i})(\theta)(\prod_{\substack{i\in I\\ i\searrow}} H_{U_i})(x).\omega\big)$$

$$= \sum_{I\subset\{1,\dots n\}} (-1)^{\# I}\, T_o \sum_{\substack{K\cup L={}^c I\\ K\cap L=\emptyset}} (-1)^{\# L} (\prod_{\substack{i\in K\\ i\nearrow}} H_{U_i})(\theta)((\prod_{\substack{i\in L\\ i\searrow}} H_{U_i})(b)$$

$$(\prod_{\substack{i\in I\\ i\searrow}} H_{U_i})(x).\omega)$$

soit en posant $J = I\cup L$, d'où $K = {}^c J$.

$$= \sum_{J\subset\{1,\dots n\}} (-1)^{\# J}\, T_o\, ((\prod_{\substack{i\in {}^c J\\ i\nearrow}} H_{U_i})(\theta)((\prod_{\substack{i\in J\\ i\searrow}} H_{U_i})(bx)\omega) .$$

En particulier si pour $i = 0,\dots n$, on a $H_{U_i} = U_i$, on obtient $U_o\dots U_n(\theta)(\omega) = T_o\dots T_n\theta(x_o\dots x_n\omega)$.

Enfin, on définit également l'action de $H_{U_o}\dots H_{U_n}$ sur des formes multilinéaires déduites de θ , du type de (1.1.3.5), en faisant agir les éléments de Ξ , $U_o,\dots U_n$ comme des antidérivations, et leurs dérivées de Lie comme des dérivations.

Ainsi, par exemple si ψ est la forme multilinéaire $\psi(\omega_1,\dots\omega_r) = \bigwedge_{i=1}^{r} \theta(\omega_i)$, on a :

$$U(\psi)(\omega_1,\dots,\omega_r) = \sum_{i=1}^{r} (-1)^{\sum_{j<i} d^o(\omega_j)} [\bigwedge_{j<i} \theta(\omega_j)\wedge U(\theta)(\omega_i)\wedge (\bigwedge_{j>i} \theta(\omega_j)]$$

et d'après la formule de Leibniz

$$\mathcal{L}_U^s(\psi)(\omega_1,\dots,\omega_r) = \sum_{\substack{(s_i)\\ \sum_{i=1}^{r} s_i=s}} \bigwedge_{i=1}^{r} \binom{s}{s_i} \mathcal{L}_U^{s_i}(\theta)(\omega_i) .$$

2.2.3. COMPORTEMENT D'UNE FAMILLE D'ÉQUATIONS PAR CHANGEMENT DE PROJECTION INFINITÉSIMAL

Soit $v_o. = (v_1^o, \dots v_{i_o}^o)$ un élément de $\mathbb{N}^{i_o}$. On dira qu'un élément $v.$ de $\mathbb{N}^i$, $v. = (v_1, \dots v_i)$ est contenu dans $v_o.$, et on notera $v. \subset v_o.$, s'il existe une partition $J_1, \dots J_r, \dots J_i$ de $\{1, \dots, i_o\}$ telle que $v_r = \sum_{\ell \in J_r} v_\ell^o$.

Si $\omega. = (\omega_1, \dots, \omega_{i_o})$ est un élément de $\prod_{j=1}^{i_o} (\Omega_{X/S}^{v_j^o}) = \Omega_{X/S}^{v_o.}$, si $v \subset v_o.$, on note $\omega.^{v.} = (\omega_1^{v.}, \dots, \omega_i^{v.})$ l'élément de $\prod_{r=1}^{i} (\Omega_{X/S}^{v_r})$ donné $\omega_r^{v.} = \bigwedge_{\ell \in J_r} \omega_\ell$, et $\theta(\omega^{v.}) = \bigwedge_{r=1}^{i} \theta(\omega_r^{v.})$ ($\mathcal{L}_U(\theta)(\omega.^{v.})$ et $U(\theta)(\omega.^{v.})$ sont définis d'après 2.2.2).

Soit K une application $\{v./v. \subset v_o.\} \to R$ $v. \mapsto K_{v.}$ - On suppose ici que le morphisme $f : X \to B$ est lisse. On a alors la

2.2.3. PROPOSITION. <u>Soient</u> $S' = \operatorname{Spec} R[t]/(t^{N+1})$, <u>et</u> $X' = X \times_S S'$. <u>Alors les propriétés suivantes sont équivalentes</u> :

(i) <u>Pour toute projection</u> (f',B') <u>de</u> $Z' = Z \times S'$, <u>qui coïncide avec</u> (f,B) <u>en</u> $t = 0$, <u>on a</u> :

"<u>pour tous champs de vecteurs sur</u> X $V_1, \dots V_h$, <u>pour toute formes différentielles</u> $\omega. \in \Omega_{X/S}^{v_o.}$, $\sum_{v. \subset v_o.} K_{v.} V_1 \dots V_h(\theta')(\omega.^{v.}) = 0$"

<u>où</u> θ' <u>est la trace associée à l'image de</u> c <u>dans</u> $H^p_{|Z'|}(X', \Omega^p_{X'/S'})$ <u>pour la projection</u> (f',B') <u>par</u> (2.1.3).

(ii) <u>Pour tout champ de vecteurs</u> U <u>sur</u> X', <u>on a</u> :

"<u>pour tous champs de vecteurs</u> $V_1, \dots V_h$, <u>pour toutes formes différentielles</u> $\omega. \in \Omega_{X/S}^{v_o.}$ $\sum_{v. \subset v_o.} K_{v.} \exp(tU)^*(V_1 \dots V_h \theta)(\omega.^{v.}) = 0$"

<u>où</u> $\exp(tU)^*(V_1, \dots V_h \theta)(\omega) = V_1 \dots V_h . \operatorname{Res}_{X/B} \begin{bmatrix} \omega \wedge \exp(tU)^* \omega_o \\ \exp(tU)^*(f_1, \dots, f_p) \end{bmatrix}$

<u>et</u> $\exp(tU)^*(\omega_o) = \sum_{i=0}^{N} \frac{\mathcal{L}_U^i(\omega_o)}{i!} t^i$ (notations de (2.1.2))

Par transport de structure, il revient au même de considérer une projection B' quelconque, ou de supposer que $B' = B \times S'$, mais que X'

a été transformé par un automorphisme infinitésimal φ qui coïncide avec l'identité en $t=0$.

La propriété (i) s'écrit donc :

Pour tout automorphisme infinitésimal φ de X' égal à l'identité en $t=0$, pour tous $V_1,\dots V_h,\omega.$, on a

$$\sum_{v.\subset v_o.} K_{v.}\, V_1\dots V_h\, \mathrm{Res}_{X/B}(\omega\cap\varphi^*(c)) = 0 .$$

Mais un tel automorphisme φ peut s'écrire $\varphi = \exp(tU)$ d'après la proposition (2.2.1), et on obtient donc bien la propriété (ii).

2.2.4. EXPLICITATION DE $\exp(tU)$ (θ)

Soit U un champ de vecteurs sur X tel que l'on ait $f(U) = Tx$, où T est un champ de vecteurs sur B et x une fonction sur X .

On a alors

$$\exp(tU)(\theta)(\exp(tU)^*\omega) = \mathrm{Res}_{X/B}(\exp(tU)^*\omega\wedge\exp(tU)^*c)$$

$$= \mathrm{Res}_{X/B}(\exp(tU)^*(\omega\wedge c) = \mathrm{Res}_{X/B}(\sum_{n\geqslant 0}\frac{t^n}{n!}\mathcal{L}_U^n(\omega\wedge c))$$

$$= \sum_{n\geqslant 0}\frac{t^n}{n!}\mathrm{Res}_{X/B}(\mathcal{L}_U^n(\omega\wedge c)) .$$

Or pour toute classe γ dans $H^{\cdot}(X,\Omega^*_{X/S})$, on a $\mathrm{Res}_{X/B}(U\gamma) = T\,\mathrm{Res}_{X/B}(x\gamma)$, d'où

$$\mathrm{Res}_{X/B}(\mathcal{L}_U\gamma) = dT\,\mathrm{Res}_{X/B}(x\gamma) + T\,\mathrm{Res}_{X/B}(xd\gamma)$$
$$= \mathcal{L}_T\,\mathrm{Res}_{X/B}(x\gamma) - T\,\mathrm{Res}_{X/B}(dx\wedge\gamma) .$$

D'après ce qui précède et d'après (2.2.2.1) 5°) b), on a donc la relation de récurrence

$$\mathrm{Res}_{X/B}(\mathcal{L}_U^{\ell+1}\gamma) = \sum_{i=0}^{\ell}\binom{\ell}{i}(-1)^i(\mathcal{L}_T\,\mathrm{Res}_{X/B}(\mathcal{L}_U^{\ell-i}[(\mathcal{L}_U^i(x))\gamma])$$
$$- T\,\mathrm{Res}_{X/B}(\mathcal{L}_U^{\ell-i}[(\mathcal{L}_U^i(dx).\gamma]))$$

d'où une relation de la forme :

$$\mathrm{Res}_{X/B}(\mathcal{L}_U^{\ell+1}\gamma) = \sum_{\substack{i=0\\ \alpha=(\alpha_1,\dots,\alpha_i)\\ |\alpha|=n-i}}^{\ell} a_\alpha\,\mathcal{L}_T^i\,\mathrm{Res}_{X/B}((\prod_{j=1}^{i}\mathcal{L}_U^{\alpha_j}(x))\gamma)$$
$$- \sum_{\substack{i=0\\ \alpha=(\alpha_o,\dots\alpha_i)\\ |\alpha|=n-i-1}}^{\ell} a'_\alpha\,T\,\mathcal{L}_T^i\,\mathrm{Res}_{X/B}((\mathcal{L}_U^{\alpha_o}(dx)\prod_{j=1}^{i}(\mathcal{L}_U^{\alpha_j}(x)).\gamma)$$

où les a_α et les a'_α sont des coefficients entiers convenables qui sont déterminés par récurrence d'après la relation de récurrence précédente. On a donc

$$\mathrm{Res}_{X/B}(\mathcal{L}_U^{\ell+1}(\omega\wedge c)) = \sum_{\substack{i\leqslant\ell \\ |\alpha|=n-i}} a_\alpha \mathcal{L}_T^i \,\theta(\prod_{j=1}^{i} \mathcal{L}_U^{\alpha_j}(x).\omega)$$

$$- \sum_{\substack{i\leqslant\ell \\ |\alpha|=n-i-1}} a'_\alpha\, T\, \mathcal{L}_T^i\, \theta(\mathcal{L}_U^{\alpha_o}(dx)\prod_{j=1}^{i}\mathcal{L}_U^{\alpha_j}(x)\omega) = \mathcal{L}_U^{\ell+1}(\theta)(\omega) .$$

Cette dernière égalité résultant par récurrence sur ℓ de (2.2.2.1 5°) b) et de la définition (2.2.2.2).

Finalement, on a

$$\exp(tU)(\theta)(\exp(tU)^*\omega) = \sum_{n\geqslant 0} \frac{t^n}{n!} \mathcal{L}_U^n(\theta)(\omega)$$

d'où la formule

(2.2.4.1) $$\exp(tU)(\theta) = \sum_{n\geqslant 0} \frac{t^n}{n!} \mathcal{L}_U^n(\theta)\circ\exp(-tU)^* .$$

Ceci nous permet de préciser (2.2.3).

2.2.4. PROPOSITION. Les propriétés (i) et (ii) de 2.2.3 sont équivalentes à la propriété

(iii) Pour tous champs de vecteurs sur X $V_1,\ldots V_h$, pour toutes formes différentielles $\omega.\in\Omega_{X/S}^{V_o^{\cdot}}$, pour tout champ de vecteurs sur X, U, pour tout $s\leqslant N$, on a :

$$\sum_{v.} K_{v.} \sum_{\ell\leqslant s} (-1)^\ell \binom{s}{\ell} \mathcal{L}_U^\ell\, V_1\ldots V_h(\theta)(\mathcal{L}_U^{s-\ell}(\omega_\cdot^{v\cdot})) = 0$$

où la notation $\mathcal{L}_U^r(\omega_1,\ldots,\omega_j)$ signifie

$$\sum_{r_1+\ldots+r_j=r} \binom{r}{r_1,\ldots r_j} (\mathcal{L}_U^{r_1}\omega_1,\ldots,\mathcal{L}_U^{r_j}\omega_j) .$$

En vertu de (2.2.4.1), la condition (ii) de (2.2.3) se réécrit

Pour tous $V_1,\ldots V_h$, $\omega.$, on a :

$$\sum_{v.} K_{v.} \sum_{\ell\geqslant 0} \frac{t^\ell}{\ell!} \mathcal{L}_U^\ell\, V_1\ldots V_h(\theta)(\exp(-tU)^*(\omega_\cdot^{v\cdot})) = 0 .$$

En écrivant le coefficient de t^s dans cette relation, on obtient

$$\sum_{v.} K_{v.} \sum_{\ell+m=s} \frac{(-1)^m}{\ell!m!} \mathcal{L}_U^{\ell} V_1\ldots V_h(\theta)(\mathcal{L}_U^m(\omega_.^{v.})) = 0 .$$

L'équivalence de (ii) et (iii) en résulte immédiatement.

REMARQUE. Lorsque f est lisse, et que X et B sont supposés assez petits pour qu'il existe une scission $\sigma : \Omega^{\cdot}_{X/S} \to f^*(\Omega^{\cdot}_{B/S})$, il résulte de la démonstration de (2.2.4) que les champs de vecteurs "verticaux" (i.e. de $\mathrm{Hom}(\Omega^1_{X/B}, \mathcal{O}_X)$ n'introduisent pas de nouvelles équations. On peut donc se limiter aux champs de vecteurs U horizontaux (i.e. $\in \Xi_{X/B}$) ; on peut même supposer que l'on peut écrire $U = Tx$, avec $\sigma(dx) = 0$, par $\mathcal{O}_B$-linéarité (2.2.3 (i)). De même, on peut se limiter, par $\Omega^{\cdot}_{B/S}$ linéarité, à des formes $\omega. \in \Omega^{\cdot\, v_o\cdot}_{X/B}$. On a alors $\mathcal{L}_U^m(\omega_.^{v.}) = 0$ si $m > 0$. L'équation de (2.2.4 iii) se réécrit alors $\sum_{v.} K_{v.} \mathcal{L}_U^{\ell} V_1\ldots V_h(\theta)(\omega_.^{v.}) = 0$. De plus, si $U_1 = T_1x_1$ et $U_2 = T_2x_2$, sont de tels champs de vecteurs, on a $\mathcal{L}_{U_1}(x_2) = \mathcal{L}_{U_2}(x_1) = 0$, et donc, d'après (2.2.2.1) 6). $\mathcal{L}_{U_1}.\mathcal{L}_{U_2} = \mathcal{L}_{U_2}.\mathcal{L}_{U_1}$ et $U_1.\mathcal{L}_{U_2} = \mathcal{L}_{U_2}.U_1$, de sorte que la condition (2.2.4 iii) peut se réécrire $\forall U_1,\ldots,U_\ell \sum_{v.} K_{v.} \mathcal{L}_{U_1}\ldots\mathcal{L}_{U_\ell} V_1\ldots V_h(\theta)(\omega_.^{v.}) =$ cette dernière formule étant multilinéaire symétrique en $U_1,\ldots U_\ell$. Nous verrons au (3.1), que, dans le cas général, que même lorsque cette formule n'est pas symétrique en $U_1,\ldots U_\ell$, l'idéal engendré par ces formules est encore égal à l'idéal engendré par les mêmes formules où l'on a fait $U_1 = \ldots = U_\ell = U$.

2.2.5. Signalons enfin le

2.2.5. LEMME. <u>Sous les hypothèses</u> (2.2.4) (<u>sauf</u> $d'c = 0$), <u>les propriétés suivantes sont équivalentes</u> :

(i) <u>Pour toute projection</u> (f',B') <u>de</u> $Z' = Z \times S'$ <u>qui coïncide avec</u> (f,B) <u>en</u> $t = 0$, <u>la trace de</u> 1, $\theta'(1)$ <u>est égale à</u> $\theta(1)$ <u>et appartient à</u> R.

(ii) <u>On a</u> $d'c = 0$.

Notons d'abord que, d'après (2.1.4), si $d'c = 0$ on a $d\theta(1) = \theta(d1) = 0$, donc $\theta(1) \in R$.

D'autre part, on vérifie que, dans la démonstration de (2.2.4), la condition $d'(c)$ n'a été utilisée que via l'application du lemme (2.2.2.2 4°)). La démonstration de (2.2.4) montre donc que la condition $\theta'(1) = \text{cte}$ est équivalente aux conditions :

$$\forall y \in \mathcal{O}_X \quad \frac{\partial}{\partial t_i}\,\theta(y_i) - \frac{\theta(dy)}{dt_i} = 0$$

$$\forall y,z \in \mathcal{O}_X \quad \frac{\partial}{\partial t_i}\frac{\partial}{\partial t_j}\,\theta(yz) - \frac{\partial}{\partial t_i}\frac{\theta(ydz)}{dt_j} - \frac{\partial}{\partial t_j}\frac{\theta(zdy)}{dt_i} + \frac{\theta(dzdy)}{dt_i dt_j} = 0$$

etc...

Lorsque l'on fait varier $i,j\ldots$ et lorsque l'on prend $y,z,\ldots$ quelconques, on obtient la condition $\theta(\partial\omega) = d\theta(\omega) \quad \forall\omega \in \Omega^{\cdot}_{X/S}$.

Cette dernière condition est bien équivalente à $d'c = 0$ d'après (2.1.4).

2.3. CHANGEMENT GÉNÉRAL DE PROJECTION

Le but de ce paragraphe est de passer d'un changement de projection infinitésimal à un changement de projection quelconque. Pour pouvoir appliquer la formule de Taylor, on va construire un chemin dans l'"espace des projections" allant d'une projection "proche" d'une projection donnée à une autre.

2.3.1. LOCALISATION

On se place sous les hypothèses de (2.1.1) et (2.1.2), avec $S = \operatorname{Spec} R$, R anneau artinien, X et B affines.

2.3.1. LEMME. <u>On suppose que</u> $|Z|$ <u>est réunion de</u> q <u>fermés deux à deux disjoints</u> $|Z_1|,\ldots,|Z_q|$. <u>Soit</u> c_i <u>la classe de</u> $H^p_{|Z_i|}(X,\Omega^p_{X/S})$ <u>induite par</u> c <u>sur</u> Z_i, <u>de sorte que l'on a</u> $c = \sum_{i=1}^{q} c_i$. <u>Soit</u> θ_i <u>la trace correspondant à</u> c_i <u>d'après</u> (2.1.2) <u>et</u> (2.1.3). <u>On suppose qu'il existe un entier</u> k <u>tel que l'on ait</u> :

(i) $\theta(1) = k$.

(ii) <u>Pour toutes formes différentielles</u> $\omega_1,\ldots,\omega_{k+1}$ <u>dans</u> $\Omega^{\cdot}_{X/S}$, <u>pour tous champs de vecteurs</u> $U,U_1,\ldots U_h \in \Gamma(X,\mathcal{C}_{X/S})$ <u>pour tout</u> $s \in \mathbb{N}$,

$$\sum_{\ell \leqslant s} (-1)^{\ell} \binom{s}{\ell} \mathcal{L}_U^{\ell}\, U_1 \ldots U_h (P_{\theta}^{k+1})(\mathcal{L}_U^{s-\ell}(\omega_1,\ldots,\omega_{k+1})) = 0$$

(<u>on a posé</u> $\mathcal{L}_U^m(\omega_1,\ldots,\omega_{k+1}) = \sum_{\Sigma m_i = m} \binom{m}{m_i} (\mathcal{L}_U^{m_1}\omega_1,\ldots,\mathcal{L}_U^{m_{k+1}}\omega_{k+1})$.

<u>Alors, il existe des entiers</u> $k_1,\ldots,k_q$ <u>tels que l'on ait</u>

(i) $\theta_i(1) = k_i$

(ii) $\forall \omega_1,\ldots\omega_{k_{i+1}} \in \Omega^{\cdot}_{X/S}$, $\forall U, U_1,\ldots U_h \in \Gamma(X,\mathscr{C}_{X/S})$ $\forall s \in \mathbb{N}$,

$$\sum_{\ell \leqslant s} (-1)^{\ell} \binom{s}{\ell} \mathcal{L}_U^{\ell}\, U_1 \ldots U_h (P_{\theta_i}^{k_i+1})(\mathcal{L}_U^{s-\ell}(\omega_1,\ldots,\omega_{k_i+1})) = 0 .$$

Par récurrence, on est immédiatement ramené au cas $q=2$. D'après (1.7.1), on a la relation :

$$P_{\theta_1+\theta_2}^{k+1}(\omega_1,\ldots,\omega_{k+1}) = \sum_{\substack{k_1+k_2=k+1 \\ k_i \geqslant 0}} \frac{1}{k_1!k_2!} \sum_{\sigma\in\mathfrak{S}_{k+1}} \varepsilon(\sigma,d) P_{\theta_1}^{k_1}(\omega_{\sigma_1},\ldots,\omega_{\sigma_{k_1}})$$
$$P_{\theta_2}^{k_2}(\omega_{\sigma_{k_1+1}},\ldots,\omega_{\sigma_{k+1}})$$

où $\varepsilon(\sigma,d)$ est l'entier égal à ± 1 tel que $\omega_1\wedge\ldots\wedge\omega_{k+1} = \varepsilon(\sigma,d)\omega_{\sigma_1}\wedge\ldots\wedge\omega_{\sigma_{k+1}}$.

Si les ω_i sont des formes nulles sur un voisinage infinitésimal préassigné de Z_1 , pour tout $k_1 > 0$, on a $P_{\theta_1}^{k_1}(\omega_{\sigma_1},\ldots,\omega_{\sigma_{k_1}}) = 0$, et donc : $P_{\theta_1+\theta_2}^{k+1}(\omega_1,\ldots,\omega_{k+1}) = P_{\theta_2}^{k+1}(\omega_1,\ldots\omega_{k+1}) = 0$.

Or Z_1 et Z_2 étant disjoints, toute forme est égale sur Z_2 à une forme nulle sur Z_1 , et, θ_2 étant à support sur un voisinage infinitésimal de Z_2 , on a donc :

$$P_{\theta_2}^{k+1}(\omega_1,\ldots,\omega_{k+1}) = 0 \qquad \forall \omega_1,\ldots,\omega_{k+1} \in \Omega^{\cdot}_{X/S} .$$

De même, en appliquant $\mathcal{L}_U^s\, U_1 \ldots U_h$ aux deux membres de l'équation (1.7.1), et en faisant le même raisonnement que précédemment, on obtient que l'on a

$$\sum_{\ell \leqslant s} (-1)^{\ell} \binom{s}{\ell} \mathcal{L}_U^{\ell}\, U_1 \ldots U_h (P_{\theta_2}^{k+1})(\mathcal{L}_U^{s-\ell}(\omega_1,\ldots,\omega_{k+1})) = 0 .$$

Puisque $P_{\theta_2}^{k+1} = 0$, il résulte de (1.5.4) qu'il existe un entier $k_2 \leqslant k$ tel que $\theta_2(1) = k_2$, et que $P_{\theta_2}^{k_2+1} = 0$. Mais, en fait, le raisonnement de la démonstration de (1.5.4) prouve que, puisque l'on a

$$P^{j+1}_{\theta_2}(\omega_1,\dots,\omega_j,1) = (\theta_2(1)-j)\ P^{j}_{\theta_2}(\omega_1,\dots\omega_j)$$

et donc

$$\sum_{\ell\leq s} (-1)^{\ell}\binom{s}{\ell}\mathcal{L}^{\ell}_{U}\ U_1\dots U_h(P^{j+1}_{\theta_2})(\mathcal{L}^{s-\ell}_{U}(\omega_1\dots\omega_j,1)) = (k_2-j)\sum_{\ell\leq s}(-1)^{\ell}\binom{s}{\ell}$$
$$\mathcal{L}^{\ell}_{U}\ U_1\dots U_h(P^{j}_{\theta_2})(\mathcal{L}^{s-\ell}_{U}(\omega_1,\dots\omega_j))\ ,$$

par récurrence descendante sur j (j variant de k à k_2+1), on peut déduire la condition (ii) pour θ_2 .

En échangeant les rôles de Z_1 et Z_2 , on obtient les conditions analogues pour θ_1 avec $k_1 = k-k_2$.

2.3.2. CHANGEMENT DE PROJECTION TANGENTIEL

On a le

2.3.2. LEMME. <u>Soient</u> $S = \operatorname{Spec} R$, <u>le spectre d'un anneau artinien</u>, $B = \operatorname{Spec} A$ <u>le spectre d'un anneau local, lisse de dimension</u> n <u>sur</u> S , X <u>un schéma affine, lisse sur</u> S , <u>et purement de dimension relative</u> p <u>sur</u> B , f <u>le morphisme</u> $X \to B$, Z <u>un sous-schéma fermé de</u> X , <u>fini sur</u> B , $x_1,\dots,x_\ell$ <u>les points de</u> Z , $k_1,\dots k_\ell$ <u>des entiers tels que, si</u> $\mathfrak{m}$ <u>est l'idéal maximal de</u> A , <u>on ait</u> $\mathfrak{m}\mathcal{O}_Z \supset \bigcap_{i=1}^{\ell} \mathfrak{m}_{Z,x_i}^{k_i}$. <u>Soit</u> φ <u>un</u> S-<u>automorphisme de</u> X <u>tel que pour</u> $i=1,\dots,\ell$, <u>on ait</u> $(\varphi-\mathrm{id}_X)^{\#}(\mathfrak{m}_{X,x_i}) \subset \mathfrak{m}^N_{X,x_i}$ ($N \geq 2$). <u>Soit</u> c <u>une classe de</u> $\operatorname{Ext}^p(\mathcal{O}_Z,\Omega^p_{X/S})$ <u>et soient</u> θ <u>et</u> θ' <u>les traces</u> : $\mathcal{O}_Z\otimes\Omega^n_{X/S} \to \Omega^n_{B/S}$ <u>associées à</u> c <u>et</u> $\varphi^*(c)$. <u>Alors, pour toute forme différentielle</u> $\omega\in\Omega^{\cdot}_{X/S}$, <u>on a</u> :

$$\theta'(\omega) - \theta(\omega) \in \mathfrak{m}^{\overline{\frac{N-1}{\sup(k_i)}}}\ \Omega^{\cdot}_{B/S}\ .$$

Soit $y\in\mathfrak{m}_{X,x_i}$. On a alors $\varphi^{\#}(dy) - dy = d(\varphi^{\#}(y)-y)$, et puisque $\varphi^{\#}(y) - y\in\mathfrak{m}^N_{X,x_i}$, $\varphi^{\#}(dy) - dy\in\mathfrak{m}^{N-1}_{X,x_i}\ \Omega^1_{X/S}$. Puisque l'on peut trouver une base de $\Omega^1_{X/S}$ formée d'éléments de la forme dy , avec $y\in\mathfrak{m}_{X,x_i}$, on déduit que pour toute forme $\omega\in\Omega^j_{X/S}$, on a $\varphi^{\#}(\omega) - \omega\in\mathfrak{m}^{(N-1)}_{X,x_i}\ \Omega^j_{X/S} \subset \mathfrak{m}^{N-1}_{X,x_i}\ \Omega^{\cdot}_{X/S}$. Puisque $\mathfrak{m}_{Z,x_i} = \mathfrak{m}_{X,x_i}/\mathcal{J}_Z\cap\mathfrak{m}_{X,x_i}$, et que c est à support dans Z , donc que θ ne change pas si l'on ajoute à c un élément de $\mathcal{I}_Z\, H^p_{|Z|}(X,\Omega^p_{X/S})$, on peut supposer que $\varphi^*(c)-c\in \mathfrak{m}^{N-1}_{Z,x_i}\ \mathrm{Ext}^p(\mathcal{O}_Z,\Omega^p_{X/S})$ et donc $\varphi^*(c)-c\in \mathfrak{m}^{\frac{(N-1)}{\sup(k_i)}}\ \mathcal{O}_Z\ \mathrm{Ext}^p(\mathcal{O}_Z,\Omega^p_{X/S})$.

(En fait, si l'on considère, d'après la démonstration de (2.1.2) une classe c comme un élément de $\mathrm{Hom}(j_{m*}\mathcal{O}_{Z_m}\otimes\Omega^n_{X/S},\Omega^{n+p}_{X/S}[p])$, si on note ψ et ψ' les homomorphismes correspondant à c et $\varphi^*(c)$, on a $\psi'=\varphi^{\#}\circ\psi\circ(\varphi^{-1})^{\#}$, d'où l'égalité : $\psi'-\psi=(\varphi-\mathrm{id})^{\#}\circ\psi\circ(\varphi^{-1})^{\#}+\psi\circ(\varphi^{-1}-\mathrm{id})^{\#}$. Si $L^{\cdot}$ est une résolution injective de $\Omega^{n+p}_{X/S}$, en appliquant la formule au module

$$\mathrm{Ker}(\mathrm{Hom}(j_{m*}\mathcal{O}_{Z_m}\otimes\Omega^n_{X/S},L^p)\to\mathrm{Hom}(j_{m*}\mathcal{O}_{Z_m}\otimes\Omega^n_{X/S},L^{p+1}))$$

on obtient bien le résultat annoncé).

On en déduit donc $\theta'(\omega)-\theta(\omega)=\mathrm{Res}_{X/B}[\omega\wedge(\varphi^*(c)-c)]\in\mathfrak{m}^{\frac{N-1}{\sup(k_i)}}\Omega^n_{B/S}$ pour toute forme ω dans $\Omega^n_{X/S}$. Le cas d'une forme de $\Omega^{\cdot}_{X/S}$ résulte alors de (2.1.3).

2.3.3. UN CHEMIN DANS L'ESPACE DES PROJECTIONS

2.3.3. LEMME. <u>Soient</u> R , X <u>et</u> $|Z|$ <u>comme en</u> (2.3.1), z <u>un point de</u> $|Z|$; <u>soient</u> $x_1,\ldots x_n$ <u>des sections globales de</u> $\mathcal{O}_X$ <u>tels que, si</u> $B_o=\mathrm{Spec}\ R[x_1,\ldots x_n]$ <u>le composé du morphisme</u> $f_o:X\to B_o$ <u>et du morphisme</u> $Z_{red}\to X$ <u>est fini et que</u> $f_o(z)=0$ (0 <u>est l'image de la section</u> $S\to B_o$, <u>puisque</u> R <u>est artinien</u>).

<u>Soient</u> $y_1,\ldots y_n$ <u>des sections globales quelconques de</u> $\mathcal{O}_X$.

<u>Alors, pour tout entier</u> r , <u>il existe des entiers</u> $r_1,\ldots r_n$ <u>tels que</u> $r_i\geqslant r$, <u>et tels qu'il existe un morphisme</u> $f:X\times\mathbb{A}^1_R\to B$ <u>dont le composé avec l'immersion</u> $Z_{red}\times\mathbb{A}^1_R\to X\times\mathbb{A}^1_R$ <u>est fini, deux sections</u> s_o <u>et</u> s_1 <u>de</u> R <u>dans</u> $\mathbb{A}^1_R$, <u>un morphisme lisse en</u> 0 <u>et fini</u> $\varphi:B_o\to B_{s_o}=B\times_{\mathbb{A}^1_R s_o}R$, <u>un isomorphisme</u> $\psi:B_{s_1}\to\mathrm{Spec}\ R[y_1-x_1^{r_1},\ldots,y_n-x_n^{r_n}])$ <u>tels que</u> $\psi\circ f_{s_1}$ <u>soit le morphisme canonique</u> $X\to\mathrm{Spec}(R[y_1-x_1^{r_1},\ldots y_n-x_n^{r_n}])$ <u>et que</u> $f_{s_o}=\varphi\circ f_o$.

Posons $z_i(t) = (1-t)x_i + ty_i - x_i^{r_i}$. Posons $B = \mathbb{A}_R^{n+1}$, le morphisme $B \to \mathbb{A}_R^1$ étant la première projection, et le morphisme $X \times \mathbb{A}_R^1 \to B$ correspondant au morphisme d'anneaux : $R[t,z_1,\ldots z_n] \to \mathcal{O}_X \otimes R$, $(t,z_1,\ldots z_n) \mapsto (t,z_1(t),\ldots,z_n(t))$; les sections s_o et s_1 correspondent à $t=0$, et $t=1$. Le morphisme φ $\mathrm{Spec}(R[x_1,\ldots x_n]) \to \mathrm{Spec}(R[x_1-x_1^{r_1},\ldots,x_n-x_n^{r_n}])$ est alors clairement défini. Il en est de même de ψ . Il nous reste donc à montrer que pour des r_i convenables, le morphisme f est entier sur $Z_{red} \times \mathbb{A}_R^1$, soit que $\mathcal{O}_Z[t]$ est entier sur $R[t,z_1(t),\ldots z_n(t)]$. Puisque $\mathcal{O}_Z$ est entier sur $R[x_1,\ldots x_n]$, on a une équation de la forme :

$$y_1^k + a_{k-1}(x)y_1^{k-1} + \ldots + a_o(x) = 0$$

d'où, puisque $ty_1 = z_1(t) - (1-t)x_1 + x_1^{r_1}$, la relation

$$(z_1-(1-t)x_1+x_1^{r_1})^k + \sum_{j=0}^{k-1} t^{k-j} a_j(x)(z_1-(1-t)x_1+x_1^{r_1})^j = 0 .$$

Choisissons r_1 plus grand que r et que tous les degrés en x_1 des $a_j(x)$; cela prouve alors que x_1 est entier sur $R[t,z_1(t),x_2,\ldots x_n]$, donc $\mathcal{O}_Z[t]$ est entier sur $R[t,z_1(t),x_2,\ldots x_n]$, puisque $\mathcal{O}_Z$ est entier sur $R[x_1\ldots x_n]$.

On montre de même par récurrence sur i , qu'on peut choisir $(r_1,\ldots r_i$ de façon que $\mathcal{O}_Z[t]$ soit entier sur $R[t,z_1(t),\ldots,z_i(t),x_{i+1},\ldots,x_n]$. Pour passer de i à i+1 , on utilise l'équation $y_{i+1}^k + \sum_{j=0}^{k-1} y_{i+1}^j a_j(t,z_1,\ldots z_i,x_{i+1},\ldots x_n)$ qui devient, après substitution :

$$(z_{i+1}-(1-t)x_{i+1}+x_{i+1}^{r_{i+1}})^k + \sum_{j=0}^{k-1} t^{k-j} a_j(t,z_1,\ldots z_i,x_{i+1},\ldots x_n)$$
$$(z_{i+1}-(1-t)x_{i+1}+x_{i+1}^{r_{i+1}})^j = 0$$

pour r_{i+1} assez grand c'est bien une relation de dépendance intégrale de x_{i+1} sur $R[t,z_1,\ldots z_{i+1},x_{i+2},\ldots x_n]$.

Finalement, on a montré que $\mathcal{O}_Z[t]$ est entier sur $R[t,z_1(t),\ldots,z_n(t)]$.

2.3.4. CHANGEMENT DE PROJECTION VERTICAL

On se place sous les hypothèses de (2.1.1) et (2.1.2) avec $S = \mathrm{Spec}\, R$, R anneau artinien, X et B affines.

2.3.4. LEMME. Soit θ la trace : $\Omega^n_{X/S} \to \Omega^n_{B/S}$ correspondant à c ; on suppose qu'il existe un entier k tel que l'on ait

i) $\theta(1) = k$.

ii) Pour toutes formes différentielles $\omega_1, \ldots, \omega_{k+1}$ dans $\Omega^{\cdot}_{X/S}$, pour tous champs de vecteurs $U, U_1, \ldots U_h \in \Gamma(X, \mathcal{C}_{X/S})$ pour tout s dans $\mathbb{N}$, on a :

$$\sum_{\ell \leqslant s} (-1)^{\ell} \binom{s}{\ell} \mathcal{L}^{\ell}_U U_1 \ldots U_h (P^{k+1}_{\theta})(\mathcal{L}^{s-\ell}_U (\omega_1, \ldots, \omega_{k+1}) = 0 .$$

Soit z un point de Z , et $b = f(z)$. Soit $g : B \to B'$ un S-morphisme fini, où g est lisse au point b , et où B' est un S-schéma affine lisse purement de dimension n sur S .

Alors, il existe un voisinage X' de z dans X , et un entier k', tels que si θ' est la trace : $\Omega^n_{X'/S} \to \Omega^n_{B'/S}$ associée à la restriction de c à X', on ait

i) $\theta'(1) = k'$.

ii) Pour toutes formes $\omega_1, \ldots \omega_{k+1}$ des $\Omega^{\cdot}_{X'/S}$ pour tous champs de vecteurs $U, U_1, \ldots U_h$ de $\Gamma(X', \mathcal{C}_{X'/S})$, pour tout s dans N , on a :

$$\sum_{\ell \leqslant s} (-1)^{\ell} \binom{s}{\ell} \mathcal{L}^{\ell}_U U_1 \ldots U_h (P^{k+1}_{\theta'})(\mathcal{L}^{s-\ell}_U (\omega_1, \ldots, \omega_{k+1})) = 0 .$$

Le lecteur pourra vérifier qu'il résulte immédiatement de (7.1.1) et (1.7.4) que le lemme ci-dessus est vrai sans supposer g lisse au point b et avec $X' = X$ car le morphisme g est plat.

Donnons-en ici une démonstration directe pour ne pas avoir à utiliser (7.1.1).

Soit M le lieu de ramification de g et soit $X_1 = f^{-1}(B-M)$ le localisé de X le long de l'image réciproque par f de l'idéal de ramification de g . Soit C la composante connexe de z dans $B-M$, et soit $X' = f^{-1}(C)$.

En vertu du lemme (1.7.1), les propriétés (i) et (ii) sont encore vraies (pour un entier k") et pour la trace $\theta'' : \Omega^n_{X'/S} \to \Omega^n_{B/S}$. Soit z' un point de $X' \underset{X}{\times} Z$, $b_1 = f(z')$ et $b' = g(b_1)$. Puisque g est non ramifié en b_1 , il existe une section $s_1 : \mathrm{Spec}({}^h\mathcal{O}_{B',b'}) \to B \underset{B'}{\times} \mathrm{Spec}({}^h\mathcal{O}_{B',b'})$ où ${}^h\mathcal{O}_{B',b'}$ est l'hensélisé de $\mathcal{O}_{B',b'}$, telle que $s_1(b') = b_1$. De même, si $b_2,\dots,b_d$ sont les autres points de $C \cap f^{-1}(b')$ il existe des sections $s_2,\dots s_d$ comme précédemment telles que $s_i\ (b') = b_i$. La trace déduite de c :
$\hat{\theta}'_{b'} : \Omega^n_{X' \underset{B'}{\times} \mathrm{Spec}({}^h\mathcal{O}_{B',b'})/S} \to \Omega^n_{\mathrm{Spec}({}^h\mathcal{O}_{B',b'})/S}$ est alors
$\hat{\theta}'_{b'} = \sum_{i=1}^{d} s_i \circ \theta''$. Si $U, U_1 \dots U_h$ appartiennent à $\Gamma(X', \mathcal{T}_{X'/S})$, en appliquant $\mathcal{L}^s_U\, U_1 \dots U_h$ aux deux membres de l'égalité (1.7.1), et en concluant comme dans la démonstration du corollaire (1.7.2), on voit que $\hat{\theta}'_{b'}$ vérifie les propriétés (i) et (ii) pour l'entier dk". La trace
$\theta'_{b'} : \Omega^n_{X' \underset{B'}{\times} \mathrm{Spec}(\mathcal{O}_{B',b'})/S} \to \Omega^n_{\mathrm{Spec}(\mathcal{O}_{B',b'})/S}$ vérifie alors les mêmes propriétés car $\hat{\theta}'_{b'}$ se déduit de $\theta'_{b'}$ par changement de base étale.

Ces propriétés étant vraies pour tout point b' de B', on en déduit que θ' vérifie les conditions i) et ii) annoncées.

2.3.5. CHANGEMENT GÉNÉRAL DE PROJECTION

Nous sommes maintenant en mesure de démontrer la

2.3.5. PROPOSITION. <u>Soient</u> S , X , $|Z|$ <u>comme dans</u> (2.1.1) ; <u>soit</u> $c \in H^p_{|Z|}(X, \Omega^p_{X/S})$ <u>telle que</u> $d'c = 0$, <u>et telle que</u> c <u>soit non nulle aux points génériques des composantes irréductibles de</u> $|Z|$. <u>Soit</u> z <u>un point de</u> $|Z|$. <u>Alors, les propriétés suivantes sont équivalentes</u> :

(i) <u>Il existe un voisinage étale affine</u> V <u>de</u> z <u>dans</u> X , <u>un</u> S-<u>schéma lisse</u> B <u>purement de dimension relative</u> n , <u>un morphisme</u> $f : V \to B$ <u>dont le composé avec l'immersion</u> $Z_V \to V$ <u>soit fini</u>, <u>un entier</u> $k \in \mathbb{N}^*$ <u>tels que l'on ait</u> :

(a) $\theta_B(1) = k$

(b) pour tous champs de vecteurs de $\Gamma(V,\mathcal{C}_{V/S})$, $U,U_1,\ldots U_h$, pour toutes formes différentielles $\omega_1,\ldots,\omega_{k+1} \in \Omega^{\cdot}_{V/S}$, pour tout $s \geq 0$, on a : $\sum_{\ell \leq s} (-1)^{\ell}\binom{s}{\ell}\mathcal{L}^{\ell}_U\, U_1\ldots U_h(P^{k+1}_{\theta})(\mathcal{L}^{s-\ell}_U(\omega_1,\ldots,\omega_{k+1})) = 0$.

(ii) Pour tout voisinage étale affine V' de z dans X', pour toute projection (f',b') de $Z_{V'}$ dans V', avec B' affine, alors ; quitte à restreindre V', il existe un entier $k' \in \mathbb{N}^*$ tel que l'on ait :

(a') $\theta_{B'}(1) = k'$

(b') pour tous champs de vecteurs de $\Gamma(V',\mathcal{C}_{V'/S})$, $U_1,\ldots U_h$, pour toutes formes différentielles $\omega_{\cdot} \in \Omega^{\cdot}_{U'/S}$, on a :

$$U_1\ldots U_h(P^{k'+1}_{\theta_{B'}})(\omega_1,\ldots\omega_{k'+1}) = 0 .$$

(ii') Même condition que (ii) avec la propriété (b') remplacée par (b") pour tous champs de vecteurs de $\Gamma(V',\mathcal{C}_{V'/S})U,U_1\ldots U_k$, pour toutes formes différentielles $\omega_1,\ldots,\omega_{k+1} \in \Omega^{\cdot}_{V'/S}$, pour tout $s \geq 0$, on a :

$$\sum_{\ell \leq s} (-1)^{\ell}\binom{s}{\ell}\mathcal{L}^{\ell}_U\, U_1\ldots U_h(P^{k+1}_{\theta})(\mathcal{L}^{s-\ell}_U(\omega_1,\ldots\omega_{k'+1})) = 0 .$$

L'implication (ii') $\Longrightarrow$ (i) est triviale. L'implication (ii) $\Longrightarrow$ (ii') résulte des propositions (2.2.3) et (2.2.4). Montrons (i) $\Longrightarrow$ (ii). Tout d'abord, on peut supposer que S est le spectre d'un anneau artinien. En effet, si la propriété (ii) est vraie pour chaque quotient artinien de $\mathcal{O}_S$, elle est aussi vraie pour S (l'entier k' dépend à priori de ce quotient artinien, mais c'est une fonction localement constante sur S, de sorte que, quitte à remplacer V' par un ouvert étale plus petit V'', on peut supposer k' indépendant de ce quotient artinien ; dès lors, les équations de la condition (b') ne dépendent pas du quotient artinien considéré, et, si elles sont vérifiées sur chaque quotient artinien de S, elles sont vérifiées sur S).

On suppose donc $S = \mathrm{Spec}\, R$, R anneau artinien. Soit $b = f(z)$. Dès lors, il existe un morphisme fini $g' : B \to \mathbb{A}^n_R$ avec $\mathbb{A}^n_R = \mathrm{Spec}(R[x_1,\ldots x_n])$, qui soit lisse au point b. (L'existence de g fini résulte de (E.G.A. IV 13.3.1.1) car, puisque R est un anneau artinien, il suffit de vérifier que le morphisme g'_{red} est fini ; pour voir que l'on peut supposer g' lisse au point b, il suffit de remarquer que l'argument essentiel de (loc. cit.) est l'utilisation du lemme de normalisation ([11] chap. 5, §3 n° 1, Th. 1), et que dans la démonstration de celui-ci (paragraphe A1)), on peut choisir les entiers r_i tels que l'équation 2) s'écrive sous la forme 4), mais n'ait qu'une racine simple en un point donné : en effet, on a :

$$\frac{\partial}{\partial Y_1}\left(P(Y_1, x_2+Y_1^{r_2},\ldots,x_m+Y_1^{r_m})\right) = \frac{\partial P}{\partial Y_1} + \sum_{j=2}^{n} r_j\, Y_1^{r_j-1}\, \frac{\partial P}{\partial Y_j}$$

et puisque B est lisse, on peut supposer que, avec les notations de (loc. cit.), $A/\mathfrak{A}_1$ est une algèbre formellement lisse, donc que les $\frac{\partial P}{\partial Y_j}$ ne sont pas tous nuls au point considéré). Soit g'' le morphisme $\mathbb{A}^n_R \to \mathbb{A}^n_R$ correspondant au morphisme d'anneau : $R[t_1,\ldots t_n] \to R[x_1,\ldots x_n] : t_i \mapsto x_i - x_i^{r_i}$ où les r_i sont des entiers $\geqslant 2$, que nous fixerons plus loin. Alors le morphisme $g''\circ g' = g$ est encore fini et lisse au point b et d'après le lemme (2.3.4), la propriété (i) est encore vraie pour le morphisme $f_o : V \to B_o = \mathbb{A}^n_R = \mathrm{Spec}(R[x_1-x_1^{r_1},\ldots,x_n-x_n^{r_n}])$ $(f_o = g''\circ g'\circ f)$ (quitte à remplacer V par un ouvert étale V').

Soit $b' = f'(z)$. D'après le théorème de Cohen (EGA 0_{IV} 19.6.5), on a un isomorphisme $\widehat{\mathcal{O}_{B',b'}} \simeq R[[y_1,\ldots y_n]]$. Soit $U = \sum_{i=1}^{n} (y_i - x_i).\frac{1}{dt_i}$ le champ de vecteurs de $\Gamma(V',\mathcal{C}_{V'/S})$. Soit $f_{s(t)}$ la projection $X \to B_{s_t}$ associée à une section $s(t) : \mathrm{Spec}\, R \to \mathbb{A}^1_R$ et $\theta_{s(t)}$ la trace correspondante (nous adoptons les notations du lemme (2.3.3). Soient $U_1,\ldots U_h$ des éléments de $\Gamma(V'\times\mathbb{A}^1_R, \mathcal{C}_{V'\times\mathbb{A}^1_R/\mathbb{A}^1_R})$. Considérons la fonction $U_1\ldots U_h(P^{k+1}_{\theta_{s(t)}}(\omega_1,\ldots\omega_{k+1}) = \alpha(t)$ sur le chemin construit au lemme (2.3.3). On a alors $\frac{d^s}{(dt)^s}(\alpha(t))(0) = \sum_{\ell\leqslant s}(-1)^{\ell}\binom{s}{\ell}\mathcal{L}^{\ell}_U\, U_1\ldots U_h(P^{k+1}_{\theta_{s_o}}) (\mathcal{L}^{s-\ell}_U(\omega_1,\ldots\omega_{k+1}))$ d'après (2.2.4), donc $\frac{d^s}{(dt)^s}(\alpha)(0) = 0$ pour tout $s \geqslant 0$. En appliquant la formule de Taylor, on en déduit en particulier

$\alpha(1)=0$, ce qui prouve que si f_1 est le morphisme : $V' \to B_1 = \mathbb{A}^n_R$ correspondant au morphisme d'anneau $R[t_1,\dots t_n] \to \mathcal{O}_V$, : $t_i \mapsto y_i \to x_i^{r_i}$, et si θ_1 est la trace associée, on a, pour tous $U_1,\dots,U_h \in \Gamma(V',\mathscr{C}_{V'/S})$ $U_1\dots U_h(P^{k+1}_{\theta_1})(\omega_1,\dots\omega_{k+1}) = 0$. De plus, en vertu du lemme (2.3.1), quitte à restreindre encore V', on peut séparer les composantes connexes de $|Z|$ et supposer donc que z est le seul point de $|Z|$ au-dessus de h' pour la projection f'. Dès lors, puisque l'on a $x_i \in \mathfrak{m}_{X',z'}$ donc $(y_i - x_i^{r_i}) - y_i \in \mathfrak{m}^{r_i}_{V',z}$, il résulte du lemme (2.3.2) que si $r_i \geqslant N$, et si k' est la multiplicité du point z pour la projection f', on a, pour toute forme ω dans $\Omega^{\cdot}_{V'/S}$; $\theta_1(\omega) - \theta'(\omega) \in \mathfrak{m}_{B',b'}^{\frac{N-1}{k'}}$, donc $U_1\dots U_h(P^{k'+1}_{\theta'})(\omega_1,\dots\omega_{k+1}) - U_1\dots U_h(P^{k'+1}_{\theta_1})(\omega_1,\dots\omega_h \in \mathfrak{m}_{B',b'}^{\frac{N-1}{k'}}$ ce qui se réécrit $U_1\dots U_h(P^{k'+1}_{\theta'})(\omega_1,\dots\omega_{k+1}) \in (y_1,\dots y_n)^{\frac{N-1}{k'}}$. N étant un entier arbitrairement choisi, on en déduit donc bien $U_1\dots U_h(P^{k'+1}_{\theta'}) = 0$ ce qui prouve (ii).

3. INVARIANCE DES FORMES MULTILINÉAIRES DE WARING : INTERPRÉTATION GÉOMÉTRIQUE, FINITUDE

3.1. ÉNONCÉ

Avec les notations de (2.2.2), si $\omega . \in \Omega^{\cdot}_{X/S}$, si $U_1 \ldots U_h$, V sont des éléments de $\Gamma(X, \mathscr{C}_{X/S})$ (une projection (f,B) étant fixée), nous poserons : ${}^{\theta}R_s^{h,k}(\omega_1,\ldots\omega_{k+1})U_1,\ldots,U_h,V_1,\ldots,V_s) = \sum_{I\subset\{1,\ldots s\}} (-1)^{\# I}$

$$\Big(\prod_{\substack{i\in I\\ i\nearrow}} \mathcal{L}_{V_i}\Big)U_1\ldots U_h(P_\theta^{k+1})\Big(\prod_{\substack{i\in {}^cI\\ i\nearrow}} \mathcal{L}_{V_i}(\omega_1,\ldots\omega_{k+1})\Big) .$$

La forme ${}^{\theta}R_s^{h,k}$ est "symétrique" en les ω_i , et en les U_i , mais non symétrique en les V_i . Néanmoins, si ${}^{\theta}R_s'^{h,k}(\omega_1;U.;V_1,\ldots V_s)$ est la forme multilinéaire symétrique en les V_i associée à ${}^{\theta}R_s^{h,k}(\omega.;U.;V,\ldots V)$, il résulte de (2.2.2.1) 6)b) que ${}^{\theta}R_s^{h,k}(\omega.;U,V_1,\ldots V_s)$ $- {}^{\theta}R_s'^{h;k}(\omega.;U;V_1,\ldots V_s)$ est égal à une combinaison linéaire d'équations de la forme ${}^{\theta}R_{s-1}^{h,k}(\omega.;U.;V_1',\ldots,V_{s-1}')$, de sorte que les propriétés :

(i) pour tout $s \leqslant s_o$, pour tous

$$V_1,\ldots V_s \in \Gamma(X,\mathscr{C}_{X/S}),\ {}^{\theta}R_s^{h,k}(\omega.;U.;V_1,\ldots V_s) = 0$$

(ii) pour tout $s \leqslant s_o$, pour tous

$$V_1,\ldots V_s \in \Gamma(X,\mathscr{C}_{X/S}),\ {}^{\theta}R_s'^{h,k}(\omega.;U.;V_1,\ldots V_s) = 0$$

sont équivalentes. Enfin, nous noterons ${}^{\theta}R_s^{h,k} = 0$ la propriété "$\forall\omega_1,\ldots\omega_{k+1} \in \Omega^{\cdot}_{X/S}$, $\forall U_1,\ldots U_h,V_1,\ldots V_s \in \Gamma(X,\mathscr{C}_{X/S})$, ${}^{\theta}R_s^{h,k}(\omega_1,\ldots\omega_{k+1},U_1,\ldots U_h;V_1,\ldots V_s) = 1$.

Soient S un schéma noethérien de caractéristique zéro, X un schéma lisse sur S , purement de dimension n+p sur S , et |Z| un fermé de X purement de codimension p dans chaque fibre du morphisme X → S . On note Z_{red} le schéma réduit sous-jacent au fermé Z et j l'immersion fermée $Z_{red} \to X$.

La notion de projection (f,B) conserve le même sens qu'en (2.1.1).

Soit c un élément de $H^p_{|Z|}(X,\Omega^p_{X/S})$. Si U est un ouvert étale de X, et si (f,B) est une projection locale de $|Z_U| = |Z_{red} \times U|$ dans U, d'après (2.1.3), l'image réciproque c_u de c dans $H^p_{|Z_u|}(U,\Omega^p_{U/S})$ correspond à une trace $\theta_B : h_{U*}j_{mU}{}^*(\Omega^{\cdot}_{U/S}) \to \Omega^{\cdot}_{B/S}$, pour un m convenable, où $j_U = j \times id_U$, $h_U = f \circ j_U$, j_m est l'immersion fermée du $m^{ème}$ voisinage infinitésimale de Z_{red} dans X et $j_{mU} = j_m \times id_U$.

On a la

3.1. PROPOSITION. Sous les hypothèses précédentes, supposons qu'il existe un morphisme $f : X \to B$ dont le composé avec l'immersion $Z \to X$ est fini, et un entier $k \in \mathbb{N}^*$ tels que l'on ait :

a) $\theta_B(1) = k$

b) $\forall h$, $0 \leqslant h \leqslant n(k+1)$, $\forall s \geqslant 0$, ${}^{\theta_B}R^{h,k}_s = 0$.

Alors, pour tout point z de $|Z|$, tout voisinage étale U de z, tout morphisme $f' : U \to B'$, où B' est lisse sur S, et où le composé de f' et de l'immersion $Z_U \to U$ est fini, alors il existe un voisinage étale U' de z dans U, tel que si $\theta_{B'}$ est la trace associée au morphisme f' restreint à U', il existe un entier $k' \in \mathbb{N}^*$ tel que l'on ait :

a) $\theta_{B'}(1) = k'$

b) $\forall h$, $0 \leqslant h \leqslant n(k'+1)$, $\forall s \geqslant 0$ ${}^{\theta_{B'}}R^{h,k'}_s = 0$.

(3.1) est un cas particulier de l'implication (2.3.5) (i) $\Longrightarrow$ (ii').

Dans le reste du chapitre 3, la projection (f,B) sera fixée, et on notera $R^{h,k}_s$ au lieu de ${}^{\theta_B}R^{h,k}_s$.

3.2. INTERPRÉTATION GÉOMÉTRIQUE : LES ESPACES TANGENTS SYMÉTRIQUES

3.2.1. ALGÈBRES DE KOSZUL

Soient X un schéma et $\mathcal{M}$ un $\mathcal{O}_X$-module localement libre. On appelle algèbre de Koszul de $\mathcal{M}$ et on note $K^{\cdot\cdot}(\mathcal{M})$ l'algèbre $\Lambda^{\cdot}\mathcal{M} \otimes S^{\cdot}\mathcal{M}$, anticommutative en le premier degré, et commutative en le second.

Rappelons qu'il existe une unique antidérivation de bidegré $(-1,1)$ de $K^{\cdot\cdot}(\mathcal{M})$, appelée contraction, notée δ, telle que l'on ait : $\delta(m\otimes 1) = 1\otimes m$, $\delta(1\otimes m) = 0$, pour tout $m \in \mathcal{M}$ ([18] 4.3.1.2).

On peut comprendre δ comme suit : si φ est une forme linéaire sur $\mathcal{M}$, on peut lui associer un complexe de Koszul $(\Lambda\mathcal{M}, \varphi^{\perp})$ $\overset{n}{\Lambda}\mathcal{M} \xrightarrow{d_{n-1}} \overset{n-1}{\Lambda}\mathcal{M} \longrightarrow \dots \longrightarrow \mathcal{M} \xrightarrow{d_o} \mathcal{O}_X$, où $d_o = \varphi$ et $d_{n-1}(x_1\wedge\dots\wedge x_n) = \sum_{j=1}^{n} (-1)^j \varphi(x_j)\, x_1\wedge\dots\wedge\hat{x}_j\wedge\dots\wedge x_n$. Soit p la projection de $V(\mathcal{M}) = \mathrm{Spec}(S^{\cdot}(\mathcal{M}))$ sur X. Alors δ peut être comprise comme étant la dérivation du complexe de Koszul $(\Lambda p^*(\mathcal{M}), \varphi^{\perp})$, où φ est la forme linéaire : $\varphi : p^*(\mathcal{M}) = \mathcal{M}\otimes S^{\cdot}(\mathcal{M}) \to S^{\cdot}(\mathcal{M})$ donnée par $\varphi(m\otimes 1) = m$.

Il est alors immédiat que δ est une antidérivation de bidegré $(-1,1)$ de $K^{\cdot\cdot}(\mathcal{M})$ et de carré nul.

3.2.2. LES ESPACES TANGENTS D'UN SCHÉMA

3.2.2.1. Soient S un schéma et Y un S-schéma lisse de dimension n. Soit $T_{Y/S} = V(\Omega^1_{Y/S})$ l'espace tangent relatif de Y sur S. Soit q_1 la projection de $T_{Y/S}$ sur Y. Le paragraphe (3.2.1), où l'on fait $\mathcal{M} = \Omega^1_{Y/S}$ nous fournit une contraction $q_1^*(\Omega^{\cdot}_{Y/S}) \to q_1^*(\Omega^{\cdot}_{Y/S})$, et, par composition avec le morphisme $q_1^*(\Omega^{\cdot}_{Y/S}) \to \Omega^{\cdot}_{T_{Y/S}}$, une application encore appelée contraction et notée $\delta_1 : q_1^*(\Omega^{\cdot}_{Y/S}) \to \Omega^{\cdot}_{T_{Y/S}}$.

Pour $j \in \mathbb{N}$, on définit par récurrence le $j^{\text{ème}}$ espace tangent relatif de Y sur S noté $T^j_{Y/S}$, en posant :

$$T^o_{Y/S} = Y \; ; \; T^j_{Y/S} = T_{T^{j-1}_{Y/S}/S} = V(\Omega^1_{T^{j-1}_{Y/S}/S}) .$$

Nous noterons q_j la projection de $T^j_{Y/S}$ sur $T^{j-1}_{Y/S}$ et $\overline{q_j}$ l'application canonique de $T^j_{Y/S}$ sur Y ($\overline{q_j} = q_1 \circ q_2 \circ \dots \circ q_j$).

En appliquant ce qui précède à $T^{j-1}_{Y/S}$, on obtient une contraction notée $\delta_j : q_j^*(\Omega^{\cdot}_{T^{j-1}_{Y/S}/S}) \to \Omega_{T^j_{Y/S}}$.

Par composition des δ_j , on obtient une contraction $\overline{\delta_j} : \bar{q}_j^*(\Omega^{\cdot}_{Y/S}) \to \Omega^{\cdot}_{T^j_{Y/S}/S}$. On notera que $\overline{\delta_j}$ est de degré $-j$, et donc que l'on a $\overline{\delta_j} = 0$ si $j \geqslant n+1$.

Pour tout j , $\Omega^{\cdot}_{T^j_{Y/S}/S}$ est une algèbre différentielle graduée dont la différentielle (extérieure) est de degré 1 et sera notée d_j .

On pose $\mathcal{L}_j : \Omega^{\cdot}_{T^{j-1}_{Y/S}/S} \to q_j{}_*(\Omega^{\cdot}_{T^j_{Y/S}/S}) : \mathcal{L}_j = d_j \circ \delta_j + \delta_j \circ d_{j-1}$.

Soit u un champ de vecteurs sur Y , $u \in \mathrm{Hom}(\Omega^1_{Y/S}, \mathcal{O}_Y)$. On note u^v l'unique antidérivation de degré -1 sur $\Omega^{\cdot}_{Y/S}$ qui prolonge u et $\mathcal{L}_u$ la dérivée de Lie de u ; $\mathcal{L}_u$ est la dérivation de degré 0 de $\Omega^{\cdot}_{Y/S}$ donnée par $\mathcal{L}_u = du^v + u^v d$. A u est associée une section $\bar{u}$, $\bar{u} : Y \to T_{Y/S}$, et donc par récurrence des sections $\bar{u}^{(j)}$. $\bar{u}^{(j)} : T^{j-1}_{Y/S} \to T^j_{Y/S}$, chacune étant l'application tangente à la précédente, et des morphismes $D\bar{u}^{(j)} : \bar{u}^{(j)*}\Omega^{\cdot}_{T^j_{Y/S}/S} \to \Omega^{\cdot}_{T^{j-1}_{Y/S}/S}$.

Avec ces notations, on a le

3.2.2.2. LEMME. <u>Soient</u> $u_1, u_2, \ldots u_\ell$ <u>des champs de vecteurs sur</u> Y , <u>et soit</u> h <u>un entier inférieur ou égal à</u> ℓ . <u>Alors</u>, <u>on a</u> :

$$\mathcal{L}_{u_\ell} \circ \mathcal{L}_{u_{\ell-1}} \circ \ldots \circ \mathcal{L}_{u_{h+1}} \circ u_h^v \circ u_{h-1}^v \circ \ldots \circ u_1^v = D\bar{u}_1^{(1)} \circ \overline{q_1}{}_*(D\bar{u}_2^{(2)}) \circ \bar{q}_2{}_*(D\bar{u}_3^{(3)})$$
$$\circ \ldots \circ \overline{q_{\ell-1}}{}_*(D\bar{u}_\ell^{(\ell)}) \circ \overline{q_{\ell-1}}{}_*(\mathcal{L}_\ell) \circ \ldots \circ \overline{q_h}{}_*(\mathcal{L}_{h+1}) \circ \overline{q_h}{}_*(\overline{\delta_h}) .$$

Le cas $\ell = h = 1$ résulte du fait que, δ_1 étant une antidérivation de degré -1 , $D\bar{u}_1^{(1)} \circ q_1{}_*(\delta_1)$ est une antidérivation de degré -1 sur $\Omega^{\cdot}_{Y/S}$ qui coïncide avec u_1 sur $\Omega^1_{Y/S}$ et est donc égale à u^v . Le cas $\ell = h$ quelconque résulte du cas $\ell = h = 1$ appliqué successivement à $Y, T_{Y/S}, \ldots, T^{\ell-1}_{Y/S}$.

Le cas ℓ et h quelconques se déduit du cas $\ell = h$, en appliquant les formules $\mathcal{L}_u = du^v + u^v d$, $\mathcal{L}_j = d_j \delta_j + \delta_j d_{j-1}$ et $D\bar{u}^{(j)} \circ q_j{}_*(d_j) = d_{j-1} \circ D\bar{u}^{(j)}$. Traitons par exemple le cas $\ell = 1$, $h = 0$. On a $\mathcal{L}_u = du^v + u^v d$ $= d_o \circ D\bar{u}^{(1)} \circ q_1{}_*(\delta_1) + D\bar{u}^{(1)} \circ q_1{}_*(\delta_1) d_o = D\bar{u}^{(1)} \circ [q_1{}_*(d_1)\ q_1{}_*(\delta_1) + q_1{}_*(\delta_1) d_o]$ $= D\bar{u}^{(1)} \circ \mathcal{L}_1$.

3.2.3. FONCTORIALITÉ

Soient S un schéma, Y et B deux S-schémas lisses de dimension finie, et soit φ un S-morphisme $\varphi : B \to Y$. Alors, pour tout $j \in \mathbb{N}$, on déduit par récurrence sur j des applications $\varphi^{(j)} : T^j_{B/S} \to T^j_{Y/S}$, chaque application étant tangente à la précédente, et donc des applications $D\varphi^{(j)} : \Omega^{\cdot}_{T^j_{Y/S}/S} \to \varphi_{j}{}_*(\Omega^{\cdot}_{T^j_{B/S}/S})$.

Il résulte alors des propriétés de l'application tangente et de la fonctorialité de la contraction dans des algèbres de Koszul ([18] 4.3), que l'on a le :

3.2.3. LEMME. <u>On a les relations</u> :

$$\begin{cases} 1°)\ q_j \circ \varphi^{(j)} = \varphi^{(j-1)} \circ q_j \\ 2°)\ \varphi^{(j)} = V(D\varphi^{(j-1)}) \\ 3°)\ D\varphi^{(j)} \circ \delta_j = \delta_j \circ D\varphi^{(j-1)} \\ 4°)\ D\varphi^{(j)} \circ d_j = d_j \circ D\varphi^{(j)} \\ 5°)\ D\varphi^{(j)} \circ \mathcal{L}_j = \mathcal{L}_j \circ D\varphi^{(j-1)} \end{cases}$$

3.2.4. LE $j^{\text{ème}}$ MODULE DIFFÉRENTIEL STRICT

Soient S un schéma, B un S-schéma lisse de dimension relative n, X un B-schéma lisse de dimension relative p sur B. On note f le morphisme $X \to B$; on note q_j, $\overline{q_j}$, q'_j, $\overline{q'_j}$, $f^{(j)}$ les morphismes canoniques : $T^j_{X/S} \to T^{j-1}_{X/S}$, $T^j_{X/S} \to X$, $T^j_{B/S} \to T^{j-1}_{B/S}$, $T^j_{B/S} \to B$, et $T^j_{X/S} \to T^j_{B/S}$.

3.2.4.1. DÉFINITION. <u>Sous les hypothèses précédentes, on appelle</u> $j^{\text{ème}}$ <u>module différentiel de</u> X <u>sur</u> X <u>relatif à</u> B <u>et on note</u> $\Delta^{(f)}_B \Omega^{\cdot}_{X/S}$ <u>le sous-</u>$\Omega^{\cdot}_{T^j_{B/S}/S}$<u>-module</u> <u>de</u> $f^{(j)}{}_*(\Omega^{\cdot}_{T^j_{X/S}/S})$ <u>engendré par les éléments de la forme</u> : $f^{(j)}{}_*(\prod_{i=1}^{j} (H_i)(\omega))$ <u>où</u> $H_i = \mathcal{L}_i$, <u>ou</u> δ_i, <u>ou</u> $q_i^{\#}$, <u>et où</u> $\omega \in \Omega^{\cdot}_{X/S}$.

3.2.4.2. LEMME. <u>Avec les notations précédentes,</u> $\Delta^{(j)}_B \Omega^{\cdot}_{X/S}$ <u>est un</u> $\Omega^{\cdot}_{T^j_{B/S}/S}$-<u>module différentiel</u> (<u>pour la différentielle extérieure</u> $d_{T^j_{X/S}/S}$).

Puisque $\Omega^{\cdot}_{T^j_{B/S}/S}$ est une algèbre différentielle, il suffit de montrer que l'ensemble des $\prod_{i=1}^{j} (H_i)(\omega)$ est stable par $d_{T^j_{X/S}/S}$. Pour $j=0$, cet ensemble est $\Omega^{\cdot}_{X/S}$; la propriété est donc claire. Si elle est vraie pour $j-1$, on la déduit pour j selon que $H_j = \mathcal{L}_j$, δ_j ou $q_j^{\#}$ des relations $d_j \mathcal{L}_j = \mathcal{L}_j d_{j-1}$, $d_j \delta_j = \mathcal{L}_j - \delta_j d_{j-1}$, et $d_j q_j^{\#} = q_j^{\#} d_{j-1}$.

3.2.4.3. **REMARQUES**. 1) Si on a un B-morphisme $\varphi : X \to Y$, on en déduit des morphismes $\Delta_B^{(j)}(\Omega^{\cdot}_{Y/S}) \to \Delta_B^{(j)}(\Omega^{\cdot}_{X/S})$ de $\Omega^{\cdot}_{T^j_{B/S}/S}$-modules par récurrence sur j.

2) Puisque l'ensemble des $\prod_{i=1}^{j} (H_i)(\omega)$ contient l'ensemble des $q_j^{\#}(\prod_{i=1}^{j-1} (H_i)(\omega))$, on a pour tout j un morphisme de $\Omega^{\cdot}_{T^j_{B/S}/S}$-modules :

$$\Omega^{\cdot}_{T^j_{B/S}/S} \underset{q_j^{\prime *}(\Omega^{\cdot}_{T^{j-1}_{B/S}/S})}{\otimes} q_j^{\prime *}(\Delta_B^{(j-1)}(\Omega^{\cdot}_{X/S})) \to \Delta_B^{(j)}(\Omega^{\cdot}_{X/S}) .$$

3.2.4.4. Nous supposons désormais que X et B sont affines et que la suite exacte : $0 \to f^*(\Omega^1_{B/S}) \to \Omega^1_{X/S} \to \Omega^1_{X/B} \to 0$ est (globalement) scindée. Nous fixons une scission $\mu : \Omega^1_{X/S} \to f^*(\Omega^1_{B/S})$ qui nous permet d'identifier $\Omega^{\cdot}_{X/S}$ à $\Omega^{\cdot}_{X/B} \otimes f^*(\Omega^{\cdot}_{B/S})$.

Alors, nous pouvons donner à $\Delta_B^{(j)}(\Omega^{\cdot}_{X/S})$ une structure de $\mathcal{O}_X$-modules (qui dépend de la scission μ), en posant

si $j=0$ $\Delta_B^{(0)}(\Omega^{\cdot}_{X/S})$ et la structure de $\mathcal{O}_X$-module est la structure canonique

supposons la structure de $\mathcal{O}_X$-module définie pour $j-1$, on pose alors :

$$x\, q_j^{\#}(\prod_{i=1}^{j-1} H_i(\omega)) = q_j^{\#}(x \prod_{i=1}^{j-1} (H_i)(\omega))$$

$$x\, \delta_j(\prod_{i=1}^{j-1} (H_i)(\omega)) = \delta_j(x \prod_{i=1}^{j-1} (H_i)(\omega))$$

et

$$x\, \mathcal{L}_j(\prod_{i=1}^{j-1} (H_i)(\omega) = \mathcal{L}_j(x \prod_{i=1}^{j-1} (H_i)(\omega)) - (\delta_j(\mu(dx)))(\prod_{i=1}^{j-1} (H_i)(\omega))$$

(dans cette dernière expression, on a $\mu(dx) \in f^*(\Omega^1_{B/S})$, donc $\delta_j(\mu(dx)) \in \mathcal{O}_X \otimes_{\mathcal{O}_B} \mathcal{O}_{T^j_{B/S}}$, d'où la définition de la multiplication par hypothèse de récurrence).

Par analogie avec (2.2.2.1) 1), nous poserons, si $x \in \mathcal{O}_X$:

$$H_{ix} = q_i^{\#} x \quad \text{si} \quad H_i = q_i^{\#}$$

$$H_{ix} = \delta_i . x \quad \text{si} \quad H_i = \delta_i$$

$$H_{ix} = \mathcal{L}_i . x - \delta_i(\mu(dx)) \quad \text{si} \quad H_i = \mathcal{L}_i \ .$$

Les expressions $\prod_{i=1}^{j} (H_{i\,x_i\,j})(\omega)$ ont donc un sens, si $\omega \in \Omega^{\cdot}_{X/S}$, $x_i \in \mathcal{O}_X$, $H_i = \mathcal{L}_i$, δ_i , ou $q_i^{\#}$, et $\prod_{i=1}^{j} (H_{ix_i})(\omega)$ est donc un élément de $\Delta_B^{(j)}(\Omega^{\cdot}_{X/S})$.

Si $A^{\cdot}$ est une $\Omega^{\cdot}_{T^j_{B/S}/S}$-algèbre et si ρ est un morphisme de $\Omega^{\cdot}_{T^j_{B/S}/S}$-modules : $\rho : \Delta_B^{(j)}\Omega^{\cdot}_{X/S} \to A^{\cdot}$, on pose : $\prod_{i=1}^{j} (H_{ix_i})(\rho)(\omega) = \rho(\prod_{i=1}^{j} (H_{ix_i})(\omega))$ où $\omega \in \Omega^{\cdot}_{X/S}$, $H_i = \mathcal{L}_i$, δ_i ou $q_i^{\#}$ et plus généralement :

$$\prod_{i=1}^{j} (H_{ix_i})\left(\bigwedge_{\ell=1}^{k} \rho(\omega_\ell)\right) = \sum_{\substack{(J_1,\ldots J_k) \\ \text{partition} \\ \text{de } \{1,\ldots \ell\}}} \bigwedge_{\ell=1}^{k} \prod_{\substack{i \in J_\ell \\ \nearrow \\ i}} (H_{ix_i})(\rho)(\omega_\ell)$$

(chaque terme de droite est affecté d'un signe déterminé d'après les conventions de (1.1.3.5)).

Avec ces notations, et en supposant bien sûr $\prod_{i=1}^{j} (H_{ix_i})$ additif, cela a un sens de noter $\prod_{i=1}^{j} (H_{ix_i})(P_\rho^{k+1})$.

3.2.4.5. DÉFINITIONS

3.2.4.5.1. On note F_j^k le foncteur de la catégorie des $\Omega^{\cdot}_{T^j_{B/S}/S}$-algèbres anticommutatives graduées dans la catégorie des ensembles qui à une $\Omega^{\cdot}_{T^j_{B/S}/S}$-algèbre $A^{\cdot}$ associe l'ensemble $F_j^k(A^{\cdot}) =$

$\{\rho \in \mathrm{Hom}_{\Omega^{\cdot}_{T^j_{B/S}/S}}(\Delta_B^{(j)}(\Omega^{\cdot}_{X/S}), A^{\cdot}) / \forall H_i = \mathcal{L}_i, \delta_i$ ou $q_i^{\#}$, $\forall x_i \in \mathcal{O}_X$,

$\prod_{i=1}^{j} H_{i\,x_i}(P_\rho^{k+1}) = 0\}$.

3.2.4.5.2. Il est clair que ce foncteur est représentable dans la catégorie des $\Omega^\cdot_{T^j_{B/S}/S}$-algèbres anticommutatives graduées, l'objet universel étant le quotient de l'algèbre "symétrique" (conventions de (1.1)), $S_{\Omega^\cdot_{T^j_{B/S}/S}}(\Delta_B^{(j)}(\Omega^\cdot_{X/S}))$ par l'idéal engendré par les éléments de la forme $\prod_{i=j}(H_i x_i)(P_{\rho_k}^{k+1})(\omega_1,\ldots,\omega_{k+1})$, où $\omega_j \in \Omega^\cdot_{X/S}$, $H_i = \mathcal{L}_i, \delta_i$, ou $q_i^{\#}$, $x_i \in \mathcal{O}_X$, et où ρ_k est l'homomorphisme trivial : $\Delta_B^{(j)}(\Omega^\cdot_{X/S}) \to S_{\Omega^\cdot_{T^j_{B/S}/S}}(\Delta_B^{(j)}(\Omega^\cdot_{X/S}))$. Cet objet universel sera appelé $j^{\text{ème}}$ algèbre différentielle k-symétrique et notée $\Delta^{(j)}\Omega^{\cdot\sigma}_{(X/B)^k/S}$. On notera encore ρ_k le morphisme canonique : $\Delta_B^{(j)}(\Omega^\cdot_{X/S}) \to \Delta^{(j)}\Omega^{\cdot\sigma}_{(X/B)^k/S}$.

3.2.4.6. INDÉPENDANCE DE LA SCISSION μ

Comme on l'a vu en (3.2.4.4), la structure de $\mathcal{O}_X$-module de $\Delta_B^{(j)}(\Omega^\cdot_{X/S})$ et la définition des équations $\prod_{i=1}^{j} H_i x_i(P_\rho^{k+1})$ dépend de la scission μ choisie. Par conséquent, le foncteur F_j^k et l'algèbre $\Delta^{(j)}\Omega^\cdot_{(X/B)^k/S}$ dépendent à priori de μ . En fait, il n'en est rien.

3.2.4.6.1. LEMME. <u>Le foncteur</u> F_j^k <u>ne dépend pas de la scission</u> $\mu : \Omega^1_{X/S} \to f^*(\Omega^1_{B/S})$.

Il suffit de montrer que l'idéal de $A^\cdot$ engendré par les éléments $\prod_{i=1}^{j}(H_i x_i)(P_\rho^{k+1})(\omega_1,\ldots\omega_{k+1})$ est indépendant de μ , (si $\rho \in \mathrm{Hom}_{\Omega^\cdot_{T^j_{B/S}/S}}(\Delta_B^{(j)}(\Omega^\cdot_{X/S}),A^\cdot)$). Nous procédons par récurrence sur j . Pour $j=0$, c'est clair, puisque c'est l'idéal engendré par les termes $P_\rho^{k+1}(\omega_1\ldots\omega_{k+1})$. Notons $\prod_{i=1}^{j}(H_i x_i)^{\mu}(P_\rho^{k+1})$ l'équation définie à l'aide de la scission μ . Soit μ' une autre scission. Par hypothèse de récurrence, il suffit de montrer que $(H_j x_j)^{\mu'}(\prod_{i=1}^{j-1}(H_i x_i)^{\mu}(P_\rho^{k+1})(\omega_1\ldots\omega_{k+1}))$ appartient à l'idéal engendré par les $\prod_{i=j}^{j} (H_i x_i)^{\mu} (P_{\rho}^{k+1})(\omega_1 \ldots \omega_{k+1})$. Or on a

$(H_j x_j)^{\mu'} (H_{j-1} x_{j-1})^{\mu} = (H_j x_j)^{\mu} (H_{j-1} x_{j-1})^{\mu}$ si $H_j = q_j^{\#}$ ou δ_j et $H_{j-1} = q_{j-1}^{\#}$ ou δ_{j-1}

$(H_j x_j)^{\mu'} (\mathcal{L}_{j-1} x_{j-1})^{\mu} = (H_j x_j)^{\mu} (\mathcal{L}_{j-1} x_{j-1})^{\mu} - H_j (q_{j-1}^{\#}(\delta_j(\mu'(dx_j) - \mu(dx_j))))^{\mu}$ si $H_j = q_j^{\#}$ ou δ_j

$(\mathcal{L}_j x_j)^{\mu'} (H_{j-1} x_{j-1})^{\mu} = (\mathcal{L}_j x_j)^{\mu} (H_{j-1} x_{j-1})^{\mu} + \delta_j (\mu(dx_j) - \mu'(dx_j))^{\mu'} (H_{j-1} x_{j-1})^{\mu}$ si $H_{j-1} = q_{j-1}$ ou δ_{j-1} ou $\mathcal{L}_{j-1}$.

En substituant dans la troisième relation, la première si $H_{j-1} = q_{j-1}^{\#}$ ou δ_{j-1} (avec x_j remplacé par $\mu(dx_j) - \mu'(dx_j)$), et la seconde si $H_{j-1} = \mathcal{L}_{j-1}$, on obtient que l'on peut écrire : $\exists y_j^{\ell}$, H_j^{ℓ}, y_{j-1}^{ℓ}, H_{j-1}^{ℓ} tels que l'on ait

$$(H_j x_j)^{\mu'} (H_{j-1} x_{j-1})^{\mu} = \sum_{\ell} \alpha_{\ell} (H_j^{\ell} y_j^{\ell})^{\mu} (H_{j-1}^{\ell} y_{j-1}^{\ell})^{\mu}$$

avec $\alpha_{\ell} \in \Omega^{\cdot}_{T^j_{B/S}/S}$.

Cela prouve donc que $(H_j x_j)^{\mu'} (\prod_{i=1}^{j-1} (H_i x_i)^{\mu})(P_{\rho}^{k+1}(\omega_1 \ldots \omega_{k+1}))$ appartient à l'idéal engendré par les $\prod_{i=1}^{j} (H_i x_i)^{\mu} (P_{\rho}^{k+1})(\omega_1 \ldots \omega_{k+1})$.

3.2.4.6.2. Cela permet d'étendre la définition de F_j^k (et donc de $\Delta^{(j)}\Omega^{\cdot}_{(X/B)^k/S}$) au cas où la suite exacte : (*)

$$0 \to f^*(\Omega^1_{B/S}) \to \Omega^1_{X/S} \to \Omega^1_{X/B} \to 0$$

n'est pas globalement scindée. Dans ce cas, $F_j^k(A^{\cdot})$ sera l'ensemble des morphismes $\rho \in \mathrm{Hom}_{\Omega^{\cdot}_{T^j_{B/S}/S}}(\Delta_B^{(j)}(\Omega^{\cdot}_{X/S}), A^{\cdot})$ tels que si $(U_i)_{i \in I}$ est un recouvrement affine de X tel que sur chaque U_i, $i \in I$, la suite (*) soit scindée pour une scission μ_i, alors, ρ appartient au $F_j^k(A^{\cdot})$ associé à U_i et μ_i, pour tout i dans I. D'après, (3.2.4.6.1) la définition de $F_j^k(A^{\cdot})$ ne dépend pas des U_i et des μ_i.

3.2.5. ESPACES TANGENTS SYMÉTRIQUES

3.2.5.1. NOTATIONS

Soient S , B , X trois schémas affines comme dans (3.2.4). On dit que

- $(X/B)^k = \underbrace{X \underset{B}{\times} X \underset{B}{\times} \ldots \underset{B}{\times} X}_{k \text{ termes}}$

- $\mathrm{Sym}^k_B X$ le quotient de $(X/B)^k$ par l'action du groupe symétrique $\mathfrak{S}_k$. (Avec les notations de (1.2.2) le faisceau structural de $\mathrm{Sym}^k_B X$ est $TS^k_{\mathcal{O}_B}(\mathcal{O}_X)$)

- π le morphisme canonique $(X/B)^k \to \mathrm{Sym}^k_B X$

- τ le morphisme $\mathrm{Sym}^k_B X \to B$

- $\Omega^\cdot_{\mathrm{Sym}^k_B X/S}$ l'algèbre des différentielles sur $\mathrm{Sym}^k_B X$

- $\Omega^{\cdot\sigma}_{(X/B)^k/S} = (\pi_*(\Omega^\cdot_{(X/B)^k/S}))^{\mathfrak{S}_k} = TS^k_{\Omega^\cdot_{B/S}}(\Omega^\cdot_{X/S})$ l'algèbre des différentielles sur $(X/B)^k$ qui sont invariantes par l'action de $\mathfrak{S}_k$ décrite en (1.1.1).

Notons tout d'abord qu'il résulte de (3.2.4.5) et du théorème (1.5.3) que l'on a un isomorphisme

$$\Delta^{(o)}\Omega^{\cdot\sigma}_{(X/B)^k/S} \simeq \Omega^{\cdot\sigma}_{(X/B)^k/S} .$$

3.2.5.2. DÉFINITIONS

On définit le $j^{\text{ème}}$ <u>espace tangent symétrique relatif de</u> $\mathrm{Sym}^k_B X$ <u>sur</u> S , <u>noté</u> $T^{j,s}_{(X/B)^k/S}$, par récurrence sur j comme suit :

$T^{o,s}_{(X/B)^k/S} = \mathrm{Sym}^k_B X$ et $\Delta^o\Omega^{\cdot\sigma}_{(X/B)^k/S}$ est une $\mathcal{O}_{T^{o,s}_{(X/B)^k/S}}$-algèbre.

Des morphismes $\Omega^\cdot_{T^j_{B/S}/S} \otimes q_j'^*(\Delta^{(j-1)}_B(\Omega^\cdot_{X/S})) \to \Delta^{(j)}_B(\Omega^\cdot_{X/S})$ définis en (3.2.4.3 2°)), on déduit des morphismes d'algèbre

$$\Omega^\cdot_{T^j_{B/S}/S} \underset{\Omega^\cdot_{T^{j-1}_{B/S}/S}}{\otimes} \Delta^{(j-1)}\Omega^{\cdot\sigma}_{(X/B)^k/S} \to \Delta^{(j)}\Omega^{\cdot\sigma}_{(X/B)^k/S} .$$

Supposant par hypothèse de récurrence que $\Delta^{(j-1)}\Omega^{\cdot\sigma}_{(X/B)^k/S}$ est une $\mathcal{O}_{T^{j-1,s}_{(X/B)^k/S}}$-algèbre, nous poserons

$$T^{j,s}_{(X/B)^k/S} = V_{T^{j-1,s}_{(X/B)^k/S}}(\Delta^{(j-1)}\Omega^{1\sigma}_{(X/B)^k/S}) \; .$$

Par ailleurs, δ_j étant une dérivation de degré -1 de $\Delta^{(j-1)}\Omega^{\cdot\sigma}_{(X/B)^k/S} \to \Delta^{(j)}\Omega^{\cdot\sigma}_{(X/B)^k/S}$, sa restriction à $\Delta^{(j-1)}\Omega^{1\sigma}_{(X/B)^k/S}$ fait de $\Delta^{(j)}\Omega^{\cdot\sigma}_{(X/B)^k/S}$ une $S^{\cdot}_{\mathcal{O}_{T^{j-1,s}_{(X/B)^k/S}}}(\Delta^{(j-1)}\Omega^{1\sigma}_{(X/B)^k/S})$-algèbre, donc une $\mathcal{O}_{T^{j,s}_{(X/B)^k/S}}$-algèbre, ce qui permet de poursuivre la récurrence.

Nous noterons encore q_j le morphisme : $T^{j,s}_{(X/B)^k/S} \to T^{j-1,s}_{(X/B)^k/S}$; $\overline{q_j} : T^{j,s}_{(X/B)^k/S} \to \mathrm{Sym}^k_B X$, le morphisme $q_1 \circ q_2 \circ \ldots \circ q_j$, et τ_j le morphisme canonique : $T^{j,s}_{(X/B)^k/S} \to T^j_{B/S}$. Considérant $\Delta^{(j)}(\Omega^{\cdot\sigma}_{(X/B)^k/S}$ comme un faisceau sur $T^{j,s}_{(X/B)^k/S}$, nous la noterons $\Omega^{\cdot\sigma}_{T^{j,s}_{(X/B)^k/S}}$, et l'appellerons <u>l'algèbre des différentielles symétriques sur</u> $T^{j,s}_{(X/B)^k/S}$.

Il résulte du lemme (3.2.4.2) et des définitions (3.2.4.5) que $\Omega^{\cdot\sigma}_{T^{j,s}_{(X/B)^k/S}}$ est muni d'une différentielle extérieure d_j , de degré +1 . Nous noterons toujours δ_j et $\mathcal{L}_j$ les applications : $\Omega^{\cdot\sigma}_{T^{j-1,s}_{(X/B)^k/S}} \to q_{j*}(\Omega^{\cdot\sigma}_{T^{j,s}_{(X/B)^k/S}})$ de degrés 1 et 0 appelées $j^{\text{ème}}$ contraction et $j^{\text{ème}}$ dérivée de Lie et déduites de (3.2.4.5). On a en particulier :

$\mathcal{L}_j = q_{j*}(d_j).\delta_j + \delta_j d_{j-1}$; $q_{j*}(d_j)\mathcal{L}_j = \mathcal{L}_j d_{j-1}$.

3.2.5.3. UNE RÉALISATION DE $T^{j,s}_{(X/B)^k/S}$

Soit $T^j_{(X/B)^k/S}$ le $j^{\text{ème}}$ espace tangent de $(X/B)^k$ sur S. Puisque $(X/B)^k$ est lisse sur S, d'après (3.2.2), $\Omega^{\cdot}_{T^*_{(X/B)^k/S}/S})$ est muni d'opérateurs δ_j et $\mathcal{L}_j : \Omega^{\cdot}_{T^{j-1}_{(X/B)^k/S}/S} \to q_{j*}(\Omega^{\cdot}_{T^j_{(X/B)^k/S}/S})$, si ρ_k est la trace universelle : $\Omega^{\cdot}_{T^j_{X/S}/S} \to \Omega^{\cdot}_{T^j_{(X/B)^k/S}/S}$, le composé de l'inclusion : $\Delta^{(j)}_B(\Omega^{\cdot}_{X/S}) \to f^{(j)}_* \Omega^{\cdot}_{T^j_{X/S}/S}$ et de $f^{(j)}_*(\rho_k)$ est un morphisme $\rho : \Delta^{(j)}_B(\Omega^{\cdot}_{X/S}) \to f^{(j)}_*(\Omega^{\cdot}_{T^j_{(X/B)^k/S}/S})$ de $\Omega^{\cdot}_{T^j_{B/S}/S}$-modules. De plus, si X et B sont assez petits pour qu'il existe une scission μ comme en (3.2.4.4), et si $H_i = \mathcal{L}_i, \delta_i$ ou $q_i^{\#}$, on a la relation :

$$\prod_{i=1}^{j} H_i x_i (P^{k+1}_{\rho}(\omega_1, \ldots \omega_{k+1})) = \sum_{\substack{J_1,\ldots J_{k+1} \\ \text{partition} \\ \text{de } \{1,\ldots j\}}} \varepsilon(J_1,\ldots,J_{k+1})$$

$$P^{k+1}_{\rho}(\ldots, \prod_{i\in J_\ell} (H_i x_i)(\omega_j), \ldots)$$

et puisque l'on a $P^{k+1}_{\rho_k} = 0$, d'après (1.5.3), donc $P^{k+1}_{\rho} = 0$, on en tire

$$\prod_{i=1}^{j} H_i x_i (P^{k+1}_{\rho}(\omega_1, \ldots, \omega_{k+1})) = 0 \text{ , soit d'après (3.2.4.5)}$$

$$P \in F^k_j(f^{(j)}_*(\Omega^{\cdot}_{T^j_{(X/B)^k/S}/S})).$$

On en déduit un morphisme de $\Omega^{\cdot}_{T^j_{B/S}/S}$-algèbres

$$\Delta^{(j)} \Omega^{\cdot\sigma}_{(X/B)^k/S} \to f^{(j)}_*(\Omega^{\cdot}_{T^j_{(X/B)^k/S}/S})$$

et donc, pour tout j, des morphismes

$$\Pi_j : T^j_{(X/B)^k/S} \to T^{j,s}_{(X/B)^k/S} \quad \text{et}$$

$$D\Pi_j : \Pi^*_j(\Omega^{\cdot\sigma}_{T^{j,s}_{(X/B)^k/S}/S}) \to \Omega^{\cdot}_{T^j_{(X/B)^k/S}/S} .$$

On peut montrer que les morphismes $D\Pi_j$ sont injectifs (c'est clair si $j=0$). Nous ne le ferons pas ici.

3.2.5.4. INTERPRÉTATION GÉOMÉTRIQUE

3.2.5.4. PROPOSITION. <u>On se place sous les hypothèses de</u> (3.2.5) <u>et on se donne un morphisme de</u> $\Omega^{\cdot}_{B/S}$<u>-modules, de degré</u> 0 , $\theta : f_*(\Omega^{\cdot}_{X/S}) \to \Omega^{\cdot}_{B/S}$ <u>tel que</u> $\theta \circ f_*(d_{X/S}) = d_{B/S} \circ \theta$. <u>Alors les propriétés suivantes sont équivalentes</u>

(i) $\forall h$, $0 \leqslant h \leqslant n(k+1)$, $\forall s \geqslant 0$ $\theta_{R_s^{h,k}} = 0$.

(ii) <u>Pour tout</u> $j \in \mathbb{N}$, <u>il existe des morphismes</u> $\varphi^{(j)} : T^j_{B/S} \to T^{j,s}_{(X/B)^k/S}$ <u>et</u> $D\varphi^{(j)} : \Omega^{\cdot\sigma}_{T^{j,s}_{(X.B)^k/S}/S} \to \varphi^{(j)}_*(\Omega^{\cdot}_{T^j_{B/S}/S})$ <u>tels que</u> $D\varphi^{(0)} \circ \rho_k = \theta$ (1.5.3), <u>et vérifiant les propriétés</u> (3.2.3).

<u>De plus, les</u> $\varphi^{(j)}$ <u>et</u> $D\varphi^{(j)}$ <u>sont alors déterminés de manière unique</u>.

Les propriétés sont locales sur X et on peut donc supposer l'existence d'une scission μ comme dans (3.2.7.7). D'après la construction de $T^{j,s}_{(X/B)^k/S}$, et de $\Omega^{\cdot\sigma}_{T^{j,s}_{(X/B)^k/S}/S}$ l'existence des $\varphi^{(j)}$ et $D\varphi^{(j)}$ équivaut à l'existence d'un morphisme d'algèbres : $\Delta^{(j)}\Omega^{\cdot\sigma}_{(X/B)^k/S} \to \Omega^{\cdot}_{T^j_{B/S}/S}$ donc à l'existence d'un morphisme de modules $\theta'_j \in \mathrm{Hom}_{\Omega^{\cdot}_{T^j_{\theta/S}/S}}(\Delta^{(j)}_B(\Omega^{\cdot}_{X/S}), \Omega^{\cdot}_{T^j_{B/S}/S}))$ tel que l'on ait : $\prod_{i=\ell}^{1} H_i x_i (P^{k+1}_{\theta'_j}) = 0$ ($\forall \ell \leqslant j$, $x_i \in \mathcal{O}_X$, $H_i = \mathcal{L}_i$ ou δ_i ou $q^{\#}_i$). De plus, les conditions (3.2.3) sont alors équivalentes aux relations $\theta'_j \delta_j = \delta_j \theta'_{j-1}$ et $\theta'_j \mathcal{L}_j = \mathcal{L}_j \theta'_{j-1}$, ce qui prouve l'unicité des morphismes θ'_j , car $\theta'_o = \theta$, et donc, d'après la propriété universelle (3.2.4.5.2), l'unicité des $\varphi^{(j)}$ et $D\varphi^{(j)}$. Avec les notations de (3.2.5.1), la condition (ii) est donc équivalente à la condition :

(ii') $\forall j$, $\forall x_i \in \mathcal{O}_X$, $\forall H_i = \mathcal{L}_i$ ou δ_i ou $q^{\#}_i$, on a $\prod_{i=1}^{j} (H_i x_i)(P^{k+1}_{\theta}) = 0$. D'après (3.1), la condition (i) s'écrit :

(i) pour tous champs de vecteurs $U_1,\dots U_s, V_1,\dots,V_h$ sur X , on a :

$$\mathcal{L}_{U_1}\dots\mathcal{L}_{U_s} V_1\dots V_h(P_\theta^{k+1}) = 0 \quad \forall s \geqslant 0 \ , \ \forall h \geqslant 0 \ .$$

La scission μ étant fixée, il résulte de (2.2.4) que l'on peut se limiter aux champs de vecteurs "horizontaux" pour μ , de la forme $U_i = T_i x_i$, où $x_i \in \mathcal{O}_X$ et T_i est un champ de vecteur sur B . De plus, B étant lisse sur S , on peut d'après (EGA IV 16.6.5.1), supposer que les T_i sont tels que l'on ait $[T_i, T_j] = 0$, $[T_i, \mathcal{L}_{T_j}] = 0$, $[\mathcal{L}_{T_i}, \mathcal{L}_{T_j}] = 0$. Il résulte de 2.2.2.1 6°) a) et b) que la condition (i) est équivalente à la condition

(i') $\forall_j$, si $H_U = \mathcal{L}_U$ ou U , pour tous $x_i \in \mathcal{O}_X$, pour tous champs de vecteurs T_i sur B , on a

$$\prod_{i=1}^{j} H_{x_i T_i}(P_\theta^{k+1}) = 0 \ .$$

L'équivalence des conditions (ii') et (i') résulte de la propriété universelle des $\mathcal{L}_i$ et δ_i sur B (Lemme (3.2.2.2)).

3.2.5.5. REMARQUES

(i) Même si $S = \operatorname{Spec} \mathbb{C}$ et si Z est lisse dans X , il n'est pas raisonnable de demander que $D\varphi^{(j)}$ se prolonge à une algèbre plus grasse que $\Omega^{\cdot\sigma}_{T^{j,s}_{X^k/S}}$. En particulier $D\varphi^{(1)}$ ne se prolonge pas en général à $(\Omega^{\cdot}_{(T_{X/S}/T_{B/S})^k/S})^{\mathfrak{S}_k}$, et l'on n'a pas en général de morphisme canonique : $T_{B/S} \xrightarrow{\varphi^{(1)}} \operatorname{Sym}^k_{T_{B/S}}(T_{X/S})$, comme le montre l'exemple suivant :

$X = \operatorname{Spec}(\mathbb{C}[x,y]) = \mathbb{A}^2_{\mathbb{C}}$, $S = \operatorname{Spec} \mathbb{C}$, $B = \operatorname{Spec}(\mathbb{C}[x])$, $Z = \operatorname{Spec}(\mathbb{C}[x,y]/(y^2-x))$.
Si $\varphi^{(1)}$ existait $\varphi^{(1)}$ définirait un morphisme d'anneaux
$TS^2(S^{\cdot}(\Omega^1_{X/S})) \to S^{\cdot}(\Omega^1_{B/S})$.

En particulier, $\varphi^{(1)}(dy.dy \otimes 1 + 1 \otimes dy.dy)$ aurait un sens, donc encore $\theta(dy.dy)$. Or le seul prolongement raisonnable de θ serait

$$\theta(dy.dy) = d(\sqrt{x}) \ . \ d(\sqrt{x}) + d(-\sqrt{x}) . d(-\sqrt{x}) = \frac{dx.dx}{2x} \ ,$$

ce qui n'est pas un produit symétrique de formes régulières (on a introduit un pôle au point 0 de B).

(ii) La démonstration de (3.2.5.4) montre en fait que l'existence de $\varphi^{(j)}$ et $D\varphi^{(j)}$ pour $j \leqslant j_o$ est équivalente à ${}^{\theta}R_s^{h,k} = 0$ pour $h+s \leqslant j_o$.

3.3. FINITUDE

Le but de ce paragraphe est de montrer que la nullité d'un nombre fini d'équations $R_s^{h,k} = 0$ implique celles de toutes les autres.

Si $\sigma \in \mathfrak{S}_{k+1}$, et si $s \in \mathcal{S}_{k+1}(s(k+1) \neq 1)$, (1.5.1) on note $j_s(\sigma)$, $\ell_s(\sigma)$ et $\ell'_s(\sigma)$ les entiers tels que $1 \leqslant j_s(\sigma) \leqslant k$, $0 \leqslant \ell_s(\sigma) \leqslant s(j_s(\sigma))-1$, $1 \leqslant \ell'_s(\sigma) \leqslant j_s(\sigma)$, et $\sum_{r=1}^{j_s(\sigma)-1} rs(r) + \ell_s(\sigma) j_s(\sigma) + \ell'_s(\sigma) = \sigma^{-1}(1)$.

On a alors le

3.3.1. LEMME. <u>Soient</u> $\omega_1,\dots,\omega_k,\omega'_1\dots\omega'_{k+1}$ <u>des différentielles de degré</u> $i_1,\dots,i_k,i'_1,\dots,i'_{k+1}$.

(i) <u>On suppose que</u> $P_\theta^{k+1} = 0$; <u>on a alors</u> :

$$P_\theta^{k+1}(\omega_1,\dots,\omega_k,\omega'_1\wedge\omega'_2\wedge\dots\wedge\omega'_{k+1}) = \frac{1}{k!}\sum_{\substack{s\in\mathcal{S}_{k+1}\\ s(k+1)\neq 1}} (-1)^{|s|}\Big(\prod_{j=1}^{k}\frac{1}{j^{s(j)}}\Big)\frac{1}{s!}$$

$$\sum_{\sigma\in\mathfrak{S}_{k+1}} \varepsilon_{i_1+i_2+\dots+i_k+i'_1,i'_2,\dots,i'_{k+1}}(\sigma) \prod_{\substack{\left\{\substack{1\leqslant j\leqslant j_s(\sigma)-1\\ 0\leqslant \ell\leqslant s(j)-1}\right.\\ \text{ou } \left\{\substack{j=j_s(\sigma)\\ 0\leqslant\ell<\ell_s(\sigma)}\right.}} \theta\Big(\prod_{\ell'=1}^{j}\omega'_{\sigma_{\sum_{r=1}^{j-1} rs(r)+\ell_j+\ell'}}\Big)$$

$$\wedge(-1)^{\left(\sum_{\ell'=1}^{\ell'_s(\sigma)-1} i'_{\sigma_{\sum_{r=1}^{j_s(\sigma)-1} rs(r)+\ell_s(\sigma)j_s(\sigma)+\ell'}}\right)(i_1+\dots+i_k)}$$

$$P_\theta^{k+1}\Big(\omega_1,\dots,\omega_k,\prod_{\ell'=1}^{j_s(\sigma)}\omega'_{\sigma_{\sum_{r=1}^{j_s(\sigma)} rs(r)+\ell_s(\sigma)j_s(\sigma)+\ell'}}\Big)$$

$$\wedge \prod_{\substack{\begin{cases} j=j_s(\sigma) \\ \ell_s(\sigma)<\ell\leqslant s(j_{s(\sigma)})-1\end{cases} \\ \text{ou } \begin{cases} j_s(\sigma)<j\leqslant k \\ 0\leqslant \ell\leqslant s(j)-1\end{cases}}} \theta\Big(\prod_{\ell'=1}^{j} \omega'_{\sigma_{\sum_{r=1}^{j-1} rs(r)+\ell_j+\ell'}}\Big).$$

(ii) <u>Soient</u> $x_1,\dots x_k$ <u>des fonctions</u>, <u>et soit</u> U <u>un champ de vecteur ; on suppose que l'on a</u> : $P_\theta^{k+1}=0$. <u>Alors</u>, <u>on peut écrire</u> :

$$x_1\dots x_k U(P_\theta^{k+1}(\omega_1,\dots\omega_{k+1})) = \frac{1}{k!}\sum_{\substack{s\in\mathcal{S}_{k+1}\\ s(k+1)\neq 1}} (-1)^{|s|}\Big(\prod_{j=1}^{k}\frac{1}{j^{s(j)}}\Big)$$

$$\frac{1}{s!}\sum_{\sigma\in\mathfrak{S}_k}\prod_{\substack{j=1\\(j,\ell)\neq(j_s(\sigma),\ell_s(\sigma))}}^{k}\prod_{\ell=0}^{s(j)-1}\theta\Big(\prod_{\ell'=1}^{j} x_{-1+\sigma_{\sum_{r=1}^{j-1} rs(r)+\ell_j+\ell'}}\Big)$$

$$\prod_{\substack{\ell'=1\\ \ell'\neq\ell'_s(\sigma)}}^{j_s(\sigma)} x_{-1+\sigma_{\sum_{r=1}^{j_s(\sigma)-1} rs(r)+\ell_s(\sigma)j_s(\sigma)+\ell'}}\; U(P_\theta^{k+1}(\omega_1,\dots\omega_{k+1}))$$

(iii) <u>Sous les hypothèses de</u> ii, <u>on a</u>

$$\mathcal{L}_{x_1\dots x_k U}(P_\theta^{k+1}(\omega_1,\dots,\omega_{k+1})) = \frac{1}{k!}\sum_{\substack{s\in\mathcal{S}_{k+1}\\ s(k+1)\neq 1}} (-1)^{|s|}\Big(\prod_{j=1}^{k}\frac{1}{j^{s(j)}}\Big)\frac{1}{s!}\sum_{\sigma\in\mathfrak{S}_k}$$

$$\Bigg[d\Big(\prod_{\substack{j=1\\(j,\ell)\neq(j_s(\sigma),\ell_s(\sigma)}}^{k}\prod_{\ell=0}^{s(j)-1}\theta\Big(\prod_{\ell'=1}^{j} x_{-1+\sigma_{\sum_{r=1}^{j-1} rs(r)+\ell_j+\ell'}}\Big)\Big)$$

$$\Big(\prod_{\substack{\ell'=1\\ \ell'\neq\ell'_s(\sigma)}}^{j_s(\sigma)} x_{-1+\sigma_{\sum_{r=1}^{j_s(\sigma)-1} rs(r)+\ell_s(\sigma)j_s(\sigma)+\ell'}}\Big)U(P_\theta^{k+1}(\omega_1\dots\omega_{k+1}))$$

$$+\Big(\prod_{j=1}^{k}\prod_{\ell=0}^{s(j)-1}\theta\Big(\prod_{\ell'=1}^{j} x_{-1+\sigma_{\sum_{r=1}^{j-1} rs(r)+\ell_j+\ell'}}\Big)\Big).$$

$$\mathcal{L}_{\Big(\prod_{\substack{\ell'=1\\ \ell'\neq\ell'_s(\sigma)}}^{\sigma_s(\sigma)} x_{-1+\sigma_{\sum_{r=1}^{j_s(\sigma)-1} rs(r)+\ell_s(\sigma)j_s(\sigma)+\ell'}}\Big)U}(P_\theta^{k+1}(\omega_1\dots\omega_{k+1}))\Bigg]$$

De l'expression de P_θ^{k+1} donnée dans la proposition (1.3.1), on tire, si $P_\theta^{k+1}(\omega'_1,\dots\omega'_{k+1})=0$:

$$\theta(\omega'_1\wedge\dots\wedge\omega'_{k+1})=\frac{1}{k!}\sum_{\substack{s\in\mathcal{S}_{k+1}\\ s(k+1)\neq 1}}(-1)^{|s|}\Big(\prod_{j=1}^{k}\frac{1}{j^{s(j)}}\Big)\frac{1}{s!}\sum_{\sigma\in\mathfrak{S}_{k+1}}\varepsilon_{i'_1,\dots,i'_{k+1}}(\sigma)\prod_{j=1}^{k}\prod_{\ell=0}^{s(j)-1}\theta\Big(\prod_{\ell'=1}^{j}\omega'_{\sigma_{\sum_{r=1}^{j-1}rs(r)+\ell j+\ell'}}\Big)\qquad(3.3.1.1)$$

(i) Dès lors, en écrivant $\theta(\omega_{\tau_1}\wedge\dots\wedge\omega_{\tau_m}\wedge\omega'_1\wedge\dots\wedge\omega'_{k+1})$ comme $\theta((\omega_{\tau_1}\wedge\dots\wedge\omega_{\tau_m}\wedge\omega'_1)\wedge\omega'_2\wedge\dots\wedge\omega'_{k+1})$ et en appliquant la formule ci-dessus (où ω'_1 est remplacé par $\omega_{\tau_1}\wedge\dots\omega_{\tau_m}\wedge\omega'_1$), en développant l'expression de $P_\theta^{k+1}(\omega_1,\dots,\omega_k,\omega'_1\wedge\dots\omega'_{k+1})$ comme dans (1.4.1), et en remplaçant, on obtient l'expression (i).

(ii) On a de même $x_1\dots x_k U(\theta(\omega))=U(\theta(x_1\dots x_k\omega))$ et en exprimant $\theta(x_1,\dots x_k\omega)$ à l'aide de (3.3.1.1) ; on obtient une formule analogue à (ii) (en remplaçant $P_\theta^{k+1}(\omega_1,\dots,\omega_{k+1})$ par $\theta(\omega)$). Mais, en développant $P_\theta^{k+1}(\omega_1,\dots\omega_{k+1})$ comme dans (1.4.1), et en appliquant U, on obtient une somme de termes de la forme $\theta(\omega_{\sigma_1}\wedge\dots\wedge\omega_{\sigma_r})\wedge\dots\wedge x_1\dots x_k U\theta(\omega_{\sigma_\ell}\wedge\dots\wedge\omega_{\sigma_{\ell+h}})\wedge\dots$ En remplaçant $x_1,\dots x_k U\theta(\omega_\sigma\wedge\dots\wedge\omega_{\sigma_{\ell+h}})$ par sa valeur d'après la formule précédente, on obtient (ii).

(iii) résulte immédiatement de (ii) et des formules $\mathcal{L}_U=dU+Ud$ et $U\theta(x)\omega=\theta(x)U\omega$.

Plaçons maintenant dans la situation (2.3.1). Soit I l'idéal de Z_{red} dans X. On pose :

$$\mathrm{Kos}^{ij}(I/I^2)=S^i(I/I^2)\otimes\Lambda^j(I/I^2)\quad\text{et}\quad \mathrm{Kos}^{\leqslant k}=\bigoplus_{i+j\leqslant k}\mathrm{Kos}^{i,j}.$$

Soit $\theta: f_*(\Omega^{\cdot}_{X/S})\to\Omega^{\cdot}_{B/S}$ une trace comme dans (2.1.3). On a la

3.3.2. PROPOSITION. <u>On suppose que l'on a</u> : ${}^{\theta}R_s^{h,k}(\omega_1,\dots\omega_{k+1};U_1,\dots U_h;U'_1,\dots U'_s)=0$ <u>pour tout</u> $\omega_i\in\mathrm{Kos}^{\leqslant k}(I/I^2)$, <u>et</u> U_i , U'_j <u>de la forme</u> $\Sigma\, y_\ell T_\ell, y_\ell\in S^{\leqslant k}(\frac{I}{I^2})$, T_2 <u>champ de vecteurs sur</u> B . <u>Alors, il existe une</u>

<u>trace et une seule</u> $\theta' : f_*(\Omega^{\cdot}_{X/S}) \to \Omega^{\cdot}_{B/S}$ <u>telle que</u>

1) $\theta' = \theta$ <u>sur</u> $\mathrm{Kos}^{\langle\langle k}(I/I^2)$

2) <u>Pour tous</u> ω_i , U_i <u>et</u> U'_i , <u>on ait</u> :

$\theta' R_s^{h,k}(\omega_1,\ldots,\omega_{k+1};U_1,\ldots,U_h;U'_1,\ldots U'_s) = 0$.

La formule (3.3.1.1) nous donne la valeur du seul candidat possible θ' sur $\mathrm{Kos}(I/I^2)$ (par récurrence sur $i+j$ elle détermine θ' sur $\mathrm{Kos}^{i,j}(I/I^2)$. La trace θ' étant déterminée lorsqu'elle est connue aux points génériques des composantes irréductibles de Z , on peut supposer, pour montrer l'unicité de θ', que Z est étale sur B . L'isomorphisme $h^*(\Omega^1_{B/S}) \to \Omega^1_{Z/S}$ nous montre alors que θ' est déterminé sur $h_*(\Omega^{\cdot}_{Z/S})$. De plus, la suite $0 \to I/I^2 \to j^*\Omega^1_{X/S} \to \Omega^1_{Z/S} \to 0$ est alors exacte et scindée, d'où un isomorphisme $j^*(\Omega^{\cdot}_{X/S}) \simeq \Lambda(I/I^2) \otimes \Omega^{\cdot}_{Z/S}$. D'autre part, θ', étant à support sur un voisinage infinitésimal de Z , peut être considéré comme un morphisme $h_*(S^{\cdot}(I/I^2) \otimes j^*(\Omega^{\cdot}_{X/S})) \to \Omega^{\cdot}_{B/S}$ soit encore $h_*(\mathrm{Kos}(I/I^2) \otimes \Omega^{\cdot}_{Z/S})$, ce qui prouve l'unicité de θ'. Dès lors, le lemme (3.3.1)(i) montre que l'on a $P^{k+1}_{\theta'} = 0$. En faisant $U_i = y_i T$ et en posant $d^oU_i = d^oy_i$,on prouve de même par récurrence sur $d^oU_1+\ldots+d^oU_h$, et sur $d^oU'_1+\ldots+d^oU'_s$, en appliquant les lemmes 3.3.1(ii) et (iii) que l'on a $\theta' R_s^{h,k} = 0$.

Soit $\mathcal{J}_k$ l'idéal engendré par les relations $\theta R_s^{h,k}$. Soit $\mathcal{H}_k = \mathcal{J}_k \cap \mathrm{Hom}(\mathrm{Hom}(f_*(\mathrm{Kos}^{\langle\langle k}(I/I^2)),\Omega^{\cdot}_{B/S}),\Omega^{\cdot}_{B/S})$. L'idéal $\mathcal{H}_k$ est un idéal de type fini, car $\mathrm{Hom}(f_*(\mathrm{Kos}^{\langle\langle k}(I/I^2),\Omega^{\cdot}_{B/S})$ est une $\Omega^{\cdot}_{B/S}$-algèbre de type fini, et la proposition (3.3.2) nous donne une bijection entre les éléments de $\mathrm{Hom}(f_*(\Omega^{\cdot}_{X/S}),\Omega^{\cdot}_{B/S}) \cap V(\mathcal{J}_k)$ et les éléments de $\mathrm{Hom}(f_*(\mathrm{Kos}^{\langle\langle k}(I/I^2)),\Omega^{\cdot}_{B/S}) \cap V(\mathcal{H}_k)$, ce qui prouve que la nullité d'un nombre fini d'équations $\theta R_s^{h,k} = 0$ implique celle de toutes les autres.

3.4. FINITUDE ET ESPACES TANGENTS SYMÉTRIQUES (bis)

Au paragraphe (3.3), on a montré que la nullité d'un nombre fini d'équations $\theta R_s^{h,k} = 0$ implique la nullité de toutes les $\theta R_s^{h,k} = 0$, ou encore que l'existence des morphismes $\varphi^{(j)}$ et $D\varphi^{(j)}$ pour $j \leqslant j_o$ implique l'existence de tous les $\varphi^{(j)}$ et $D\varphi^{(j)}$, si j_o est assez grand. Toutefois, la borne j_o donnée par la démonstration de 3.3 est très mauvaise. C'est pourquoi on peut préciser ce résultat par la

3.4.1. PROPOSITION. Avec les notations de la proposition (3.2.5.3), les propriétés suivantes sont équivalentes

(i) Pour tout $j \in \mathbb{N}$, il existe des morphismes (uniques) $\varphi^{(j)}$ et $D\varphi^{(j)}$ comme dans (3.2.5.3)(ii).

(ii) La propriété (i) est vraie pour $j \leqslant n(k+1)$.

(iii) $\forall h$, $0 \leqslant h \leqslant n(k+1)$, $\forall s \geqslant 0$, on a $\theta^{h,k}_{R_s} = 0$.

(iv) Pour $s = 0$, $h \leqslant n(k+1)$, et pour $h = 1$, $1 \leqslant s \leqslant k$, on a : $\theta^{h,k}_{R_s} = 0$.

3.4.2. COROLLAIRE. Si p est la codimension de Z dans X, alors pour $j \geqslant (n+p)k+1$, $T^{j+1,s}_{X^k/S}$ est l'espace tangent (au sens ordinaire) de $T^{j,s}_{X^k/S}$.

La démonstration de ces résultats étant longue, pénible et inessentielle pour la suite, nous ne la donnerons pas ici. Toutefois, elle est à la disposition du lecteur sur demande. Le seul résultat que nous utiliserons par la suite est le suivant :

Il existe une fonction $\delta(n,k,p)$ à valeurs entières, telle que les propriétés suivantes soient équivalentes :

(i) Pour tout $j \in \mathbb{N}$, il existe des morphismes $\varphi^{(j)}$ et $D\varphi^{(j)}$ comme dans (3.2.5.3)(ii).

(ii) La propriété (i) est vraie pour $j \leqslant \delta(n,k,p)$.

(iii) $\forall h$, $0 \leqslant h \leqslant n(k+1)$, $\forall s \geqslant 0$, on a $\theta^{h,k}_{R_s} = 0$.

(iv) $\forall h,s$, $0 \leqslant h,s \leqslant \delta(n,k,p)$, on a $\theta^{h,k}_{R_s} = 0$.

Cet énoncé résulte de (3.3) et de (3.2.5.3).

La propriété (3.4.1) prétend que l'on peut prendre $\delta(n,k,p) = n(k+1)$.

Il semble que la meilleure borne possible soit $n(k-1)$, et que l'on puisse l'obtenir en raffinant la démonstration de (3.4.1) (cf. Remarque à la fin de l'Appendice). •

4. FONCTEUR DE CHOW

4.1. CLASSES DE CHOW

Soit S_o un schéma affine de caractéristique zéro. Soit X un schéma lisse sur S_o, purement de dimension $n+p$ sur S_o, et soit S un S_o-schéma noethérien. Soit Z un fermé de $X \underset{S_o}{\times} S$ purement de codimension p dans chaque fibre du morphisme $X \underset{S_o}{\times} S \to S$. On note Z_{red} le schéma réduit sous-jacent au fermé Z, et j l'immersion fermée $Z_{red} \to X \underset{S_o}{\times} S$. Soit z un point de Z.

On dira qu'un triplet (U,B,f) est une projection de Z autour de z si U est un voisinage de z dans $X \underset{S_o}{\times} S$ pour la topologie étale, si B est un S-schéma lisse de dimension n, si f est un S-morphisme lisse de U dans B, tels que, si j_U est l'immersion $(Z \underset{X \times S}{\times} U)_{red} \to U$ $(j_U = j \times i_U)$, le morphisme $h_U = f \circ j_U : (Z \underset{X \times S}{\times} U)_{red} \to B$ soit fini.

Soit c un élément de $H^p_Z(X \underset{S_o}{\times} S, \Omega^p_{X \underset{S_o}{\times} S/S})$, et soit (U,B,f) une projection. L'image réciproque c_U de c dans $H^p_{Z\times U}(U, \Omega^p_{U/S})$ correspond d'après (2.1) à une trace $\theta_B : h_{U*}((\mathcal{O}_{Z\times U})_m \otimes \Omega^{\cdot}_{U/S}) \to \Omega^{\cdot}_{B/S}$, où $(Z\times U)_m$ est le $m^{\text{ème}}$ voisinage infinitésimal de $(Z\times U)_{red}$, pour un m convenable.

4.1.1. THÉORÈME. <u>Sous les hypothèses précédentes</u>, <u>les conditions suivantes sont équivalentes</u> :

(i) <u>Il existe une projection de</u> Z <u>autour de</u> $z(U,B,f)$ <u>telle que</u>

a) $\theta(1) = k \in \mathbb{N}$ <u>et</u> c <u>est</u> d'-<u>fermée</u>.

b) <u>Pour</u> $j \leqslant \delta(n,k,p)$, <u>il existe des morphismes</u> (<u>uniques</u>) $\varphi^{(j)} : T^j_{B/S} \to T^{j,s}_{U^k/S}$, et $D\varphi^{(j)} : \Omega^{\cdot\sigma}_{T^{j,s}_{U^k/S}} \to \varphi^{(j)}_*(\Omega^{\cdot}_{T^j_{B/S}})$ <u>tels que</u> $D\varphi^{(0)}(\rho_k(\omega)) = \theta_B(\omega) \quad \forall \omega \in \Omega^{\cdot}_{U/S}$ <u>et tels que de plus</u>, <u>pour tout</u> j, $0 < j \leqslant \delta(n,k,p)$, <u>on ait les cinq relations</u>

$$(3.2.3)\quad \begin{cases} 1^\circ)\ q_j\circ\varphi^{(j)} = \varphi^{(j-1)}\circ q'_j \\ 2^\circ)\ \varphi^{(j)} = V(D(\varphi^{(j-1)})) \\ 3^\circ)\ D\varphi^{(j)}\circ\delta_j = \delta_j\circ D\varphi^{(j-1)} \\ 4^\circ)\ D\varphi^{(j)}\circ d_j = d_j\circ D\varphi^{(j)} \\ 5^\circ)\ D\varphi^{(j)}\circ\mathcal{L}_j = \mathcal{L}_j\circ D\varphi^{(j-1)} \end{cases}$$

où $\delta(n,k,p)$ a été défini en (3.4) et q_j , q'_j , δ_j , d_j , $\mathcal{L}_j$ ont été définis en (3.2.5).

(ii) Il existe une projection de Z autour de z(U,B,f) telle que :

a) $\theta_B(1) = k \in \mathbb{N}$.

b) $\theta_B \circ d_{U/S} = d_{B/S} \circ \theta_B$.

c) Pour h,s tels que $0 \leq h,s \leq \delta(n,k,p)$, pour tous $\omega_1,\ldots,\omega_{k+1}$ dans $\Omega^{\cdot}_{U/S}$, tous $U_1,\ldots U_h, V_1,\ldots,V_s$ champs de vecteurs sur X , on a : ${}^{\theta_B}R_s^{h,k}(\omega_1,\ldots,\omega_{k+1};U_1,\ldots,U_h;V_1,\ldots,V_s) = 0$.

(iii) Pour toute projection de Z autour de z(U,B,f), quitte à restreindre U , on a :

a) $\exists k \in \mathbb{N}$ tel que $\theta(1) = k$, et c est d'-fermée.

b) Pour tout $j \in \mathbb{N}$, il existe des morphismes $\varphi^{(j)}$ et $D\varphi^{(j)}$ comme dans (i).

(iv) Pour toute projection de Z autour de z , (U,B,f), quitte à restreindre U , on a :

a) $\exists k \in \mathbb{N}$ tel que $\theta_B(1) = k$.

b) $\theta_B \circ d_{U/S} = d_{B/S} \circ \theta_B$.

c) Pour h , $0 \leq h \leq (k+1)n$, pour tout $s \in \mathbb{N}$, pour tous $\omega_1,\ldots,\omega_{k+1} \in \Omega^{\cdot}_{U/S}$, tous $U_1,\ldots U_h, V_1,\ldots V_s$ champs de vecteurs sur X , on a :

$${}^{\theta_B}R_s^{h,k}(\omega_1,\ldots\omega_{k+1};U_1,\ldots,U_h;V_1,\ldots,V_s) = 0 .$$

REMARQUE. L'entier k dépend de la projection (U,B,f) choisie.

L'équivalence des propriétés (i) et (ii) d'une part, et (iii) et (iv) d'autre part résulte de la proposition (3.2.5.3). (iv) $\Longrightarrow$ (ii) est trivial. Notons de plus, qu'en vertu de (3.4), les équations $\theta_{R_s}^{h,k} = 0$ pour $h, s \leqslant \delta(n,k,p)$ équivalent à $\theta_{R_s}^{h,k} = 0$ pour tous $h \leqslant n(k+1)$, et $s \in \mathbb{N}$. L'implication (ii) $\Longrightarrow$ (iv) résulte donc de (3.1).

4.1.2. DÉFINITION. <u>Sous les hypothèses du théorème</u> (4.1.1), <u>une classe</u> c <u>vérifiant les conditions équivalentes</u> (i) <u>à</u> (iv) <u>du théorème</u> 4.1.1, <u>et qui est non nulle aux points génériques des composantes irréductibles de</u> Z <u>sera appelée une classe de Chow de</u> Z <u>au point</u> z.

REMARQUE. Une telle classe est donc d'-fermée.

4.2. FONCTEUR DE CHOW

4.2.1. Soit S_o un schéma affine de caractéristique zéro. Soit X un schéma lisse sur S_o, purement de dimension N sur S_o. Soit p un entier tel que $0 \leqslant p \leqslant N$. On pose $n = N-p$.

Si S est un S_o-schéma noethérien, on note $C^p_{X/S_o}(S)$ l'ensemble des couples $(|Z|,c)$, où $|Z|$ est un fermé propre de $X \underset{S_o}{\times} S$ purement de codimension p dans chaque fibre du morphisme $X \underset{S_o}{\times} S \to S$, et où c est une classe de $H^p_{|Z|}(X \underset{S_o}{\times} S, \Omega^p_{X \underset{S_o}{\times} S/S})$ qui, pour tout point fermé z de Z, est une classe de Chow de $|Z|$ au point z.

Si S' est un S_o-schéma, et si l'on a un morphisme $S' \xrightarrow{h} S$, si $(|Z|,c)$ appartient à $C^p_{X/S_o}(S)$, alors le couple $(|Z'|,c')$, où $|Z'| = |Z_{red} \underset{S}{\times} S'|$, et $c' \in H^p_{|Z'|}(X \underset{S_o}{\times} S', \Omega^p_{X \underset{S_o}{\times} S'})$ est l'image réciproque de c appartient à $C^p_{X/S_o}(S')$. En effet, la propriété (ii) du théorème (4.1.1) est clairement stable par changement de base, et c'est donc une classe de Chow pour $|Z'|$ en tout point $z' \in |Z'|$.

Cela fait de C^p_{X/S_o} un foncteur contravariant de la catégorie des S_o-schémas dans la catégorie des ensembles: On l'appelle le $p^{ème}$ <u>foncteur de Chow de</u> X/S_o.

4.2.2. EXEMPLES

Si $S_o = \mathrm{Spec}\, K = S$, on retrouve la définition usuelle des cycles comme combinaison linéaire à coefficients entiers positifs de parties fermées irréductibles propres de pure codimension p dans X . En effet, tout couple (Z,c) de $C_X^p(S)$ est de la forme $(\bigcup_i Z_i, \Sigma\, n_i c_i)$ où les Z_i sont des variétés irréductibles propres de X et où c_i est la classe fondamentale de Z_i .

Plus généralement, si S est réduit, $C_X^p(S)$ coïncide avec l'ensemble des familles analytiques locales de cycles de X paramétrées par S au sens de Barlet ([5]) (cf. (6.1.1).

En particulier, si S est un schéma normal, et si Z est un cycle absolu de $X \times S$, de pure codimension p dans chaque fibre du morphisme $X \times S \to S$, Z correspond à une famille relative de $C_X^p(S)$ ([5] chap. 0, §3, Prop. 3).

Par contre, si S est un schéma réduit non normal, l'assertion ci-dessus devient fausse en général (pour un contre exemple cf. [5] chap. 1 §4).

Enfin, si S est quelconque, si Z est un schéma plat sur S , et si c est la classe fondamentale de Z ([15]), le couple (Z,c) est un élément de $C_X^p(S)$ (7.1.1).

Notons pour terminer que l'on a besoin du support Z pour définir la classe $c \in H_Z^p(X \times S, \Omega_{X\times S/S}^p)$, mais que réciproquement la classe détermine une trace pour chaque projection locale (2.1.3), et que la connaissance de ces traces détermine le support (1.6.4) ; ceci justifie la propriété "non nulle aux points génériques des composantes irréductibles de Z" dans la définition des classes de Chow.

4.3. ESPACE TANGENT ; DÉFORMATIONS

4.3.1. CAS D'UN CYCLE LISSE COMPTÉ k FOIS

Nous nous plaçons dans les conditions suivantes : $S_o = K$, un corps Z est un sous-schéma ferme propre lisse de codimension p de X

(j est l'immersion fermée $j : Z \to X$), et pour tout point z de Z, il existe un ouvert U de X contenant $j(z)$ et un morphisme lisse $f : U \to Z$ tel que l'on ait $f \circ j/j^{-1}(U) = id_{j^{-1}(U)}$. Soit c l'élément de $H^p_{|Z|}(X, \Omega^p_{X/K})$ tel que si $t_1, \dots t_p$ sont (génériquement) des équations de Z dans X, on ait $c = \begin{bmatrix} k\ dt_1 \dots dt_p \\ t_1\ t_2 \dots t_p \end{bmatrix}$. En d'autres termes, si Ψ est le morphisme canonique $j^*(\Omega^\cdot_{X/K}) \to \Omega^\cdot_{Z/K}$ et θ la trace $j^*(\Omega^\cdot_{X/K}) \to \Omega^\cdot_{Z/K}$ correspondant à c, on a $\theta = k\Psi$. Alors $\xi_o = (Z,c)$ appartient bien sûr à $C^p_X(K)$.

Soit $S = \mathrm{Spec}(K[\varepsilon]/(\varepsilon^2))$. Au morphisme $\mathrm{Spec}\ K \to S$, correspond une application $C^p_X(S) \to C^p_X(\mathrm{Spec}\ K)$. Si $\xi \in C^p_X(\mathrm{Spec}\ K)$, on note $C^p_{X,\xi}(S)$ le sous-ensemble de $C^p_X(S)$ dont l'image dans $C^p_X(\mathrm{Spec}\ K)$ est ξ. Nous allons calculer $C^p_{X,\xi_o}(S)$.

Notons $K^{\cdot *}(\mathcal{I}_Z/\mathcal{I}_Z^2) = \dot{\Lambda}(\mathcal{I}_Z/\mathcal{I}_Z^2) \otimes S^*(\mathcal{I}_Z/\mathcal{I}_Z^2)$ et ${}^{0<}\mathrm{Kos}^{\leqslant k}(\mathcal{I}_Z/\mathcal{I}_Z^2) = \bigoplus_{0<i+j\leqslant k} K^{ij}(\mathcal{I}_Z/\mathcal{I}_Z^2)$. On a alors

4.3.1. PROPOSITION. <u>On a l'égalité</u> $C^p_{X,\xi_o} = \mathrm{Hom\ Diff}({}^{0<}\mathrm{Kos}^{\leqslant k}(\mathcal{I}_Z/\mathcal{I}_Z^2), \Omega^\cdot_{Z/S})$

Un élément de C^p_{X,ξ_o} est donc un couple $(|Z|, c)$ où c correspond à une trace θ : $\theta : j^*(\Omega^\cdot_{X/K}) \to \Omega^\cdot_{Z/K} \otimes K[\varepsilon]$ telle que :

(i) $\theta(1) = k$

(ii) $\forall h,s$, ${}^{\theta}R^{h,k}_s = 0$

(iii) $\theta - k\Psi$ est à valeurs dans $\varepsilon\Omega^\cdot_{Z/K}$

(iv) $\theta \circ d = d \circ \theta$.

Si $\mathcal{I}_Z$ est l'idéal de Z dans X, il suffit de connaître la trace θ sur $\mathcal{O}_Z \otimes \Lambda(\mathcal{I}_Z/\mathcal{I}_Z^2)$ et même sur $K^{\cdot\cdot}(\mathcal{I}_Z/\mathcal{I}_Z^2)$.

La condition (iii) se réécrit donc $\theta/K^{\cdot\cdot}(\mathcal{I}_Z/\mathcal{I}_Z^2)$ est à valeurs dans $\varepsilon\Omega^\cdot_{Z/K}$.

Le produit de deux éléments quelconques de $\varepsilon\Omega^\cdot_{Z/K}$ étant toujours nul, la condition (ii) se réécrit : si $\omega \in K^{i,j}(\mathcal{I}_Z/\mathcal{I}_Z^2)$ et si $i+j \geqslant k+1$. $\theta(\omega) = 0$, puisque seuls les termes produit d'au moins $k+1$ termes de

$K^{\cdot\cdot}(\mathcal{J}_Z/\mathcal{J}_Z^2)$ apparaissent seuls dans les équations $\theta_{R_S}^{h,k} = 0$.

Puisque $K^{\cdot\cdot}(\mathcal{J}_Z/\mathcal{J}_Z^2)$ est stable par la différentielle extérieure d , la condition (iv) exprime simplement que θ est un homomorphisme différentiel : $K^{\cdot\cdot}(\mathcal{J}_Z/\mathcal{J}_Z^2) \to \Omega^{\cdot}_{Z/S} \otimes K[\varepsilon]$.

Finalement, en identifiant $\varepsilon\Omega^{\cdot}_{Z/S}$ et $\Omega^{\cdot}_{Z/S}$, cela signifie que $\theta \in \mathrm{Hom\,diff}(\mathrm{Kos}^{\leqslant k}(\mathcal{J}_Z/\mathcal{J}_Z^2),\Omega^{\cdot}_{Z/S})$ avec $\theta(1) = 0$. Ceci termine la démonstration de (4.3.1).

4.3.2. DÉFORMATIONS

Nous supposons à nouveau S_o quelconque. Soit $S = \mathrm{Spec}\,A$ un S_o-schéma affine, où A est un anneau intègre. Soit M un A-module quelconque. On note $A[M]$ l'algèbre $A \oplus M$, où $M.M = 0$.

Soient Z un fermé propre de $X \underset{S_o}{\times} S$ de pure codimension p , et c une classe de Chow en tout point $z \in Z$. Soit $\xi_o = (Z,c)$.

Soit $S[M] = \mathrm{Spec}(A[M])$. Au morphisme $A[M] \to A$ $(a,m) \mapsto a$, correspond un morphisme $S \to S[M]$, donc une application $C^p_X(S[M]) \to C^p_X(S)$.

Nous notons $D(A,M,\xi_o)$ l'ensemble des éléments de $C^p_X(S[M])$ dont l'image dans $C^p_X(S)$ est ξ_o .

4.3.2. PROPOSITION. <u>On a</u> : $D(A,M,\xi_o) = \{c'' \in H^p_{|Z|}(X \underset{S_o}{\times} S, \Omega^p_{X \underset{S_o}{\times} S} \otimes g \circ f^*(M))$ <u>tel que pour tout point</u> z <u>de</u> $|Z|$, <u>il existe une projection de</u> Z <u>autour de</u> z , (U,B,f'), <u>telle que à</u> $c' = c + c''$, <u>corresponde</u> ((2.1.3), (2.1.4)) <u>un élément de</u>

$$\mathrm{Hom}_{\mathcal{O}_{T^{Nk+2}_{B/S}}}(\varphi^{(Nk+2)^*}(\Omega^1_{T^{(Nk+2),s}_{U^k/S}}, (\overline{q'_{Nk+2}} \circ g)^*(M))$$

<u>où</u> $\overline{q'_j}$ <u>est le morphisme</u> $T^j_{B/S} \to B$, <u>et</u> g <u>le morphisme</u> $B \to S$.

Si l'on note θ la trace $f_*j^*(\Omega^{\cdot}_{U/S}) \to \Omega^{\cdot}_{B/S}$ et $\varphi^{(j)} : T^j_{B/S} \to T^{j,s}_{U^k/S}$ et $D\varphi^{(j)} : \Omega^{\cdot\sigma}_{T^{j,s}_{U^k/S}} \to \varphi^{(j)}_*(\Omega^{\cdot}_{T^j_{B/S}})$ les morphismes correspondant à c par le théorème (4.1.1) pour une projection de $Z(U,B,f)$, un élément de $D(A,M,\xi_o)$ est de la forme (Z,c') où, à c', correspondent θ',

$\varphi'^{(j)}$ et $D\varphi'^{(j)}$. Si Y est un S-schéma on note $Y[M]$ le schéma $Y[f^*(M)]$ où $f : Y \to S$.

On a alors par exemple :

$$\varphi'^{(j)} : T^j_{B/S}[M] \to T^{j,s}_{U^k/S}[M] .$$

Ainsi, la donnée de c' équivaut à la donnée pour toutes les projections de Z , (U,B,f), de morphismes $\varphi'^{(j)} : T^j_{B/S}[M] \to T^{j,s}_{U^k/S}$ dont le composé avec le morphisme $T^j_{B/S} \to T^j_{B/S}[M]$ soit égal à $\varphi^{(j)}$. Ceci est équivalent à la donnée, d'une dérivation, élément de

$$\mathrm{Der}_{T^j_{B/S}}(\varphi^{(j)*}(\mathcal{O}_{T^{j,s}_{U^k/S}}), \overline{q^!_j}\circ g^*(M)) \simeq \mathrm{Hom}_{\mathcal{O}_{T^j_{B/S}}}(\varphi^{(j)*}(\Omega^1_{T^{j,s}_{U^k/S}}), \overline{q^!_j}\circ g^*(M)).$$

Puisque, en vertu du corollaire (3.4.2), et des conditions (3.2.3) la donnée, par exemple de $\varphi^{(Nk+2)}$, détermine la donnée de tous les $\varphi^{(j)}$ et $D\varphi^{(j)}$, c' est déterminée par la donnée de tous les éléments de

$$\mathrm{Hom}_{\mathcal{O}_{T^{Nk+2}_{B/S}}}(\varphi^{(Nk+2)*}(\Omega^1_{T^{Nk+2,s}_{U^k/S}}), (\overline{q^!_{Nk+2}}\circ g)^*(M))$$

pour chaque projection de Z (U,B,f).

Enfin, puisque $\theta'' = \theta' - \theta$ peut s'interpréter comme une trace : $f_*j^*(\Omega^\cdot_{U/S}) \to \Omega^\cdot_{B/S} \otimes g^*(M)$, on obtient le résultat annoncé.

5. REPRÉSENTABILITÉ DU FONCTEUR C_X^p

5.1. LE THÉORÈME D'ALGÉBRISATION DE M. ARTIN

Soit S un schéma localement de type fini sur un corps, et soit F un foncteur contravariant de la catégorie des S-schémas dans la catégorie des ensembles.

5.1.1. DÉFINITION. (i) <u>On appelle extension infinitésimale d'une</u> $\mathcal{O}_S$-<u>algèbre</u> A, <u>un morphisme</u> $A' \to A$ <u>de</u> $\mathcal{O}_S$-<u>algèbres</u> <u>dont le noyau est un idéal nilpotent de type fini</u>.

(ii) <u>On appelle situation de déformation</u>, <u>un triplet</u> $(A' \to A \to A_o, M, \xi_o)$ <u>où</u> $A' \to A$ <u>et</u> $A \to A_o$ <u>sont des extensions infinitésimales</u>, $M = \mathrm{Ker}(A' \to A)$ <u>est un</u> A_o-<u>module</u> <u>de type fini</u> (i.e. <u>est annulé par</u> $\mathrm{Ker}(A' \to A_o)$), <u>et où</u> $\xi_o \in F(A_o)$.

<u>L'ensemble des situations de déformation est une catégorie</u>.

5.1.2.1. DÉFINITION. <u>Etant donné un</u> A_o-<u>module</u> M, <u>on note</u> $A_o[M]$, <u>l'algèbre</u> $A_o \oplus M$ <u>où</u> $M.M = 0$. <u>Si</u> A_o <u>est un</u> $\mathcal{O}_S$-<u>anneau</u> <u>intègre</u>, <u>et si</u> $\xi_o \in F(A_o)$, <u>on pose</u> $D(A_o, M, \xi_o) = F_{\xi_o}(A_o[M])$, <u>l'ensemble des éléments de</u> $F(A_o[M])$ <u>au-dessus de</u> ξ_o.

On suppose désormais que F vérifie la condition suivante :

VA) Pour toute situation de déformation, et toute application $B \to A$, où B est une extension infinitésimale de A_o, l'application : $F(A' \times_A B) \to F(A') \times_{F(A)} F(B)$ est bijective.

5.1.2.1. Alors, si VA)est vérifiée, des applications

$$A_o[M] \times_{A_o} A' \simeq A'[M] \to A' \qquad (a', m) \mapsto a'+m$$

, on déduit une opération de $F(A_o[M])$ sur $F(A')$ et donc une opération de $D(A_o, M, \xi_o)$ sur $F_{\xi_o}(A')$.

De plus, la condition VA) et l'isomorphisme $A' \times_A A' \simeq A'[M]$ impliquent que deux éléments de $F_{\xi_o}(A')$ sont dans la même orbite si et seulement si ils ont même image dans $F_{\xi_o}(A)$.

On peut donc énoncer le résultat d'Artin ([2]).

5.1.3. THÉORÈME. Soit S un schéma localement de type fini sur un corps et soit F un foncteur contravariant de la catégorie des S-schémas dans la catégorie des ensembles. Alors, F est représentable par un espace algébrique, localement de type fini sur S, et localement séparé (resp. séparé) si les conditions suivantes sont vérifiées

[0] Pour tout morphisme fidèlement plat de présentation finie et quasi-fini de S-schémas : $Y' \to Y$, où Y et Y' sont affines, on a le diagramme exact $0 \to F(Y) \to F(Y') \rightrightarrows F(Y' \times_Y Y')$.

[I] Pour tout système inductif filtrant de $\mathcal{O}_S$-algèbres $\{B_i\}$, l'application canonique : $\varinjlim F(B_i) \to F(\varinjlim B_i)$ est bijective.

[II] Pour toute $\mathcal{O}_S$-algèbre $\bar{A}$ locale, noethérienne, complète, d'idéal maximal $\mathfrak{m}$, de corps résiduel de type fini sur S, l'application canonique : $F(\bar{A}) \to \varprojlim F(\bar{A}/\mathfrak{m}^n)$ est injective et a une image dense.

[III] A) Soit A_o un anneau de valuation discrète géométrique (i.e. la localisation d'une $\mathcal{O}_S$-algèbre de type fini à corps résiduel de type fini sur S), et soient K et k les corps des fractions et corps résiduels de A_o. Si ξ et $\eta \in F(A_o)$ induisent le même élément dans $F(K)$ et $F(k)$ (resp. le même élément dans $F(K)$), alors $\xi = \eta$.

B) Soit A_o une $\mathcal{O}_S$-algèbre intègre de type fini et soient ξ et η dans $F(A_o)$. Supposons qu'il existe un ensemble dense $\mathcal{S}$ de points de $\operatorname{Spec} A_o$ de type fini, tel que ξ et η induisent le même élément dans $F(k(s))$ pour s dans $\mathcal{S}$. Alors $\xi = \eta$ sur un ouvert non vide de $\operatorname{Spec} A_o$.

[IV] A) Le module $D(A_o, M, \xi_o)$ commute à la localisation dans A_o et est un module fini quand M est libre de rang 1.

B) Soit A_o une $\mathcal{O}_S$-algèbre intègre de type fini. Il existe un ouvert non vide U de $\operatorname{Spec} A_o$, tel que pour tout point fermé s de U, on ait : $D(A_o, M, \xi_o) \otimes_{A_o} k(s) = D(k(s), M \otimes_{A_o} k(s), \xi_{o,s})$ où $\xi_{o,s}$ est l'élément de $F(k(s))$ induit par ξ_o.

[V] A) Pour toute situation de déformation $(A' \to A \to A_o, M, \xi_o)$ et toute application $B \to A$, où B est une extension infinitésimale de

A_o , l'application $F(A'\times_A B) \to F(A')\times_{F(A)}F(B)$ est bijective.

B) Soit une situation de déformation $(A' \to A \to A_o, M, \xi_o)$, où A_o est un anneau de valuation discrète géométrique de corps des fractions K , et où M est libre de rang 1 . Soient A_K et A'_K les localisations de A et A' aux points génériques de leurs spectres. Si l'image d'un élément ξ de $F(A)$ dans $F(A_K)$ se relève dans $F(A'_K)$, alors l'image de ξ dans $F(A_o\times_K A_K)$ se relève dans $F(A_o\times_K A'_K)$.

C) Soit une situation de déformation $(A' \to A \to A_o, M, \xi_o)$ où A_o est de type fini sur S et M libre de rang n . Pour tout quotient N de M , on note $A(N)$ l'extension $A' \to A(N) \to A$ déterminée par N . Soit K le corps des fractions de A_o ; on désigne par l'indice K la localisation au point générique de A_o . Soit ξ dans $F(A)$.

Alors, si pour tout quotient M'_K de M_K de dimension 1 , ξ_K ne se relève pas à $F(A_K(M'_K))$, il existe un ouvert non vide U de Spec A_o tel que pour tout quotient N de M de longueur 1 , à support dans U, ξ ne se relève pas à $F(A(N))$.

5.2. APPLICATION AU FONCTEUR C^p_X : LE SCHÉMA DE CHOW

5.2.1. THÉORÈME. Soit S_o un schéma affine de caractéristique zéro. Soit X un schéma (séparé) lisse sur S_o , purement de dimension N sur S_o. Soit p un entier tel que $0 \leqslant p \leqslant N$.

Alors, le $p^{\text{ème}}$ foncteur de Chow de X , C^p_X , est représentable par un espace algébrique, localement de type fini sur S_o et séparé.

Cet espace algébrique sera appelé le $p^{\text{ème}}$ espace algébrique de Chow de X , ou lorsqu'il s'agit d'un schéma, le $p^{\text{ème}}$ schéma de Chow de X . On le notera $C^p(X)$ ou $C^p(X/S_o)$ si une confusion sur le schéma de base est à craindre.

5.2.2. DÉMONSTRATION DE 5.2.1

Si, pour tout schéma S'_o de type fini sur $\mathbb{Q}$, et tout morphisme $S_o \to S'_o$, le foncteur C^p_{X/S'_o} est représentable, il en sera de même du foncteur C^p_{X/S_o} . Ceci permet de supposer S_o de type fini sur $\mathbb{Q}$ et donc de n'avoir plus qu'à montrer que C^p_{X/S_o} vérifie les conditions (5.1.3).

- Condition [0] : Si $a : Y' \to Y$ est un morphisme fidèlement plat de présentation finie, et quasi fini de S_o-schémas affines, alors puisque l'on a :

$$H^p_{|Z|}(X,\mathcal{F}) = \varinjlim_m \mathrm{Ext}^p(\mathcal{O}_{Z_m},\mathcal{F})$$

et puisque a est fidèlement plat, on a la suite exacte :

$$0 \to H^p_{|Z|}(X\times_{S_o} Y,\Omega^p_{X\times_{S_o} Y/Y}) \to H^p_{|Z\times_Y Y'|}(X\times_{S_o} Y',\Omega^p_{X\times_{S_o} Y'/Y'})$$
$$\rightrightarrows H^p_{|Z\times_Y(Y'\times_Y Y')|}(X\times_{S_o}(Y'\times_Y Y'),\Omega^p_{X\times_{S_o}(Y'\times_Y Y')/Y'\times_Y Y'}) .$$

Par ailleurs, en tout point z de Z, on peut trouver une projection de Z autour de z, (U,B,f) telle que $(U\times_Y Y',B\times_Y Y',f\times id_{Y'})$ et $(U\times_Y(Y'\times_Y Y'),B\times_Y(Y'\times_Y Y'),f\times id_{Y'\times_Y Y'})$ soient encore des projections de $Z\times_Y Y'$ et $Z\times(Y'\times_Y Y')$ autour des points au-dessus de z.

Dès lors, la condition [0] résulte des suites exactes

$$0 \to \mathrm{Hom}(T^j_{B/Y},T^{j,s}_{U^k/Y}) \to \mathrm{Hom}(T^j_{B\times_Y Y'/Y'},T^{j,s}_{(U\times_Y Y')^k/Y'})$$
$$\rightrightarrows \mathrm{Hom}(T^j_{B\times_Y(Y'\times_Y Y')/Y'\times_Y Y'},T^{j,s}_{(U\times_Y(Y'\times_Y Y'))^k/Y'\times_Y Y'})$$

due aux relations $T_{B/Y}\times_Y Y' \simeq T_{B\times_Y Y'/Y'}$.

- Condition [I] : Soit $(A_i)_{i\in I}$ un système inductif filtrant de $\mathcal{O}_{S_o}$-algèbres, et soit $Y_i = \mathrm{Spec}\, A_i$.

Puisque les foncteurs Ext commutent aux limites inductives filtrantes, on a :

$$\varinjlim H^p_{|Z\times Y_i|}(X\times_{S_o} Y_i,\Omega^p_{X\times_{S_o} Y_i/Y_i})$$
$$\simeq H^p_{|Z\times \varprojlim Y_i|}(X\times_{S_o}\varprojlim Y_i,\Omega^p_{X\times_{S_o}\varprojlim Y_i/\varprojlim Y_i}) .$$

Par ailleurs, on peut trouver i_o, tel que, si $A_{i_o} \to A_i$, en tout point z de $Z\times_{S_o} Y_{i_o}$, on puisse trouver une projection de $Z\times_{S_o} Y_{i_o}$, (U,B,f) telle que, $(U\times_{Y_{i_o}} Y_i , B\times Y_i , f\times 1_{Y_i})$ et $(U\times \varprojlim Y_i , B\times\varprojlim Y_i ,$

$f \times 1_{\varprojlim Y_i})$ soient des projections de $Z \times Y_i$ et $Z \times \varprojlim Y_i$.

La condition [I] résulte alors de la bijection :

$$\varinjlim_i \mathrm{Hom}(T^j_{B \times_{Y_o} Y_i / Y_i}, T^{j,s}_{(U \times Y_i)^k / Y_i})$$

$$\simeq \mathrm{Hom}(T^j_{B \times \varprojlim_i Y_i / \varprojlim_i Y_i}, T^{j,s}_{(U \times \varprojlim_i Y_i)^k / \varprojlim_i Y_i}) .$$

- <u>Condition</u> [II] : Soit $\bar{A}$ une $\mathcal{O}_{S_o}$-algèbre locale noethérienne, complète, d'idéal maximal $\mathfrak{m}$ de corps résiduel k de type fini sur S_o , et soit $\bar{Z}$ un fermé propre purement de codimension p de $X \times_{S_o} \mathrm{Spec}\, k$ (nous noterons encore $\bar{Z}$ l'image de $\bar{Z}$ dans $X \times_{S_o} \mathrm{Spec}(\bar{A}/\mathfrak{m}^n)$). Soit c_m , $m \in \mathbb{N}$ un système projectif de classes de Chow pour $\bar{Z}$ dans $X \times \mathrm{Spec}(\bar{A}/\mathfrak{m}^m)$ (i.e. $c_m \in H^p_{\bar{Z}}(X \times \mathrm{Spec}(\bar{A}/\mathfrak{m}^m)$, $\Omega^p_{X \times_{S_o} \mathrm{Spec}(\bar{A}/\mathfrak{m}^m)/\mathrm{Spec}(\bar{A}/\mathfrak{m}^m)}$. Si (U,B,f) est une projection pour $\bar{Z}$, soit θ_m la trace induite par c_m, $\theta_m : f_*(\Omega^{\cdot}_{U \times \mathrm{Spec}(\bar{A}/\mathfrak{m}^m)/\mathrm{Spec}(\bar{A}/\mathfrak{m}^m)}) \to \Omega^{\cdot}_{B \times \mathrm{Spec}(\bar{A}/\mathfrak{m}^m)/\mathrm{Spec}(\bar{A}/\mathfrak{m}^m)}$. Nous noterons $S_m = \mathrm{Spec}(\bar{A}/\mathfrak{m}^m)$. Supposons qu'il existe un sous-schéma fermé Z de $X \times_{S_o} S$, de fermé sous-jacent $\bar{Z}$ sur la fibre spéciale tel que si l'on note $Z_m = Z \times_S S_m$, pour tout m , on ait : $c_m \in \mathrm{Ext}^p_{\mathcal{O}_{X \times S_m}}(\mathcal{O}_{Z_m}, \Omega^p_{X \times S_m / S_m})$. Notons d'abord que c_m est une section globale du faisceau des <u>Ext</u> locaux car on a une suite spectrale $E_2^{i,j} = H^i(\underline{\mathrm{Ext}}^j_{\mathcal{O}_X \times S_m}(\mathcal{O}_{Z_m}, \Omega^p_{X \times S_m / S_m}))$ aboutissant à $\mathrm{Ext}^{i+j}_{\mathcal{O}_X \times S_m}(\mathcal{O}_{Z_m}, \Omega^p_{X \times S_m / S_m})$, et puisque $\bar{Z}$ est de pure codimension p fibre par fibre, on a $\underline{\mathrm{Ext}}^j(\mathcal{O}_{Z_m}, \Omega^p_{X \times S_m / S_m}) = 0$ si $j < p$, d'où l'isomorphisme $\mathrm{Ext}^p(\mathcal{O}_{Z_m}, \Omega^p_{X \times S_m / S_m}) \simeq H^o(\underline{\mathrm{Ext}}^p(\mathcal{O}_{Z_m}, \Omega^p_{X \times S_m / S_m}))$. Par ailleurs, de l'isomorphisme ([9] II §4 n° 2) $\underline{\mathrm{Hom}}_{\mathcal{O}_X \times S_m}(\mathcal{O}_{Z_m}, \Omega^p_{X \times S_m / S_m})$ $\simeq \underline{\mathrm{Hom}}_{\mathcal{O}_X \times S}(\mathcal{O}_Z, \Omega^p_{X \times S/S}) \otimes \mathcal{O}_{S_m}$, on déduit une suite spectrale

$$E_2^{i,j} = \underline{\mathrm{Tor}}_i(\underline{\mathrm{Ext}}^j_{\mathcal{O}_X \times S}(\mathcal{O}_Z, \Omega^p_{X \times S/S}), \mathcal{O}_{S_m})) \Longrightarrow \underline{\mathrm{Ext}}^{i+j}_{\mathcal{O}_X \times S_m}(\mathcal{O}_{Z_m}, \Omega^p_{X \times S_m / S_m})$$

et donc encore un isomorphisme

$$\underline{\mathrm{Ext}}^p_{\mathcal{O}_X\times S_m}(\mathcal{O}_{Z_m},\Omega^p_{X\times S_m/S_m}) \simeq \underline{\mathrm{Ext}}^p_{\mathcal{O}_X\times S}(\mathcal{O}_Z,\Omega^p_{X\times S/S})\otimes \mathcal{O}_{S_m}$$

Tout cela permet de considérer c_m comme un élément de $H^0(\underline{\mathrm{Ext}}^p_{\mathcal{O}_X\times S}(\mathcal{O}_Z,\Omega^p_{X\times S})\otimes\mathcal{O}_{S_m})$. Si l'idéal de $\mathcal{O}_Z$ est cohérent, il résulte du théorème d'existence pour les faisceaux formels de Grothendieck ([EGA III 5.1.4]), que l'on a : $\underline{\mathrm{Ext}}^p_{\mathcal{O}_X\times S}(\mathcal{O}_Z,\Omega^p_{X\times S})$ $\simeq \varprojlim(\underline{\mathrm{Ext}}^p_{\mathcal{O}_X\times S}(\mathcal{O}_Z,\Omega^p_{X\times S/S})\otimes\mathcal{O}_{S_m})$. Puisque les classes c_m forment un système projectif, on déduit une classe $c\in H^0(\underline{\mathrm{Ext}}^p_{\mathcal{O}_X\times S}(\mathcal{O}_Z,\Omega^p_{X\times S}))$ $\simeq \mathrm{Ext}^p_{\mathcal{O}_X\times S}(\mathcal{O}_Z,\Omega^p_{X\times S/S})$. Par ailleurs il est clair que cette classe est une classe de Chow pour le fermé sous-jacent à Z (les équations locales vraies sur $\bar{A}/\mathfrak{m}^m$ pour tout m sont vraies sur $\bar{A}$), ce qui prouve la condition [II]. Il ne nous reste plus qu'à prouver l'existence du schéma Z. Pour cela, il suffit de construire une suite $\mathcal{I}_m$ d'idéaux cohérents de $\mathcal{O}_X\times S_m$ telle que l'on ait $\mathcal{I}_m \simeq \mathcal{I}_{m+1}\otimes_{\mathcal{O}_{S_{m+1}}}\mathcal{O}_{S_m}$ et $c_m\in\mathrm{Ext}^p(\mathcal{O}_X\times S_m/\mathcal{I}_m,\Omega^p_{X\times S_m/S_m})$. Soit (U,B,f) une projection locale pour $\bar{Z}$, et soit $J_m,(U,B,f)$ l'idéal engendré par les éléments $\Omega^k_{\theta_m}(x_1,\ldots x_k)$ pour $x_1,\ldots x_k\in\mathcal{O}_U\underset{\bar{A}}{\otimes}(\bar{A}/\mathfrak{m}^m)$. Par construction, il est clair que l'on a : $J_m,(U,B,f)\simeq J_{m+1},(U,B,f)\otimes_{\mathcal{O}_{S_{m+1}}}\mathcal{O}_{S_m}$ et il résulte du corollaire (1.6.3) que la restriction de c_m à U appartient à $\mathrm{Ext}^p(\mathcal{O}_U\times S_m/J_m,(U,B,f),$ $\Omega^p_{X\times S_m/S_m})$. Mais les idéaux $J_m,(U,B,f)$ dépendent à priori de la projection choisie et ne se recollent donc pas pour former un idéal de $\mathcal{O}_X\times S_m$. Si (U',B',f') est une autre projection pour $\bar{Z}$ et si $U\cap U'\neq\emptyset$, soit $I^U_m,(U',B',f')$ l'image réciproque dans $\mathcal{O}_U\times S_m$ de $J_m,(U\cap U',B',f')$. Soit I^U_m l'idéal engendré par tous les $I^U_m(U',B',f')$ dans $\mathcal{O}_U\times S_m$ pour toutes les projections (U',B',f') avec $U\cap U'\neq\emptyset$. Alors I^U_m ne dépend que de c_m et de U, et on a donc défini un idéal $\mathcal{I}_m$ de $\mathcal{O}_X\times S_m$ tel que $\Gamma(U,\mathcal{I}_m) = I^U_m$. On déduit immédiatement de ce qui précède que l'on a des isomorphismes $\mathcal{I}_m\simeq\mathcal{I}_{m+1}\otimes_{\mathcal{O}_{S_{m+1}}}\mathcal{O}_{S_m}$, et que $c_m\in\mathrm{Ext}^p(\mathcal{O}_X\times S_m/\mathcal{I}_m,\Omega^p_{X\times S_m/S_m})$. Il nous reste à montrer que $\mathcal{I}_m$ est cohérent. Montrons d'abord que $J_m(U,B,f)$ est cohérent. On a :

$$Q_\theta^k(x_1,\dots x_k,x_2',\dots x_k') = Q_\theta^k(Q_\theta^k(x_1,\dots x_k),x_2',\dots,x_k')$$
$$-\sum_{j=1}^{k}\frac{(-1)^{k-j}}{j!}\sum_{\sigma\in\zeta_k} P_\theta^j(x_{\sigma_1},\dots x_{\sigma_j})Q_\theta^k(x_{\sigma_{j+1}},\dots x_{\sigma_k},x_2',\dots x_k')$$

ce qui prouve que si $z_1\dots z_r$ sont des générateurs de $\mathcal{O}_{U\times S_m}$ sur $\mathcal{O}_{B\times S_m}$, $J_m(U,B,f)$ est engendré par les $Q_\theta^k(z^{\alpha^1},\dots,z^{\alpha^k})$, où $\alpha^i=(\alpha_1^i,\dots,\alpha_r^i)$, $z^{\alpha^i}=\prod_{j=1}^{r} z_j^{\alpha_j^i}$, avec $|\alpha^i|=\sum_{j=1}^{r}\alpha_j^i < k$; par conséquent $J_m(U,B,f)$ est cohérent et il en est de même de $I_{m'}^U(U',B',f')$. Il suffit donc de montrer que I_m^U est engendré par un nombre fini d'idéaux $I_{m'}^U(U',B',f')$. Le même raisonnement que dans la démonstration de la proposition (2.3.5) (en remplaçant P_θ^{k+1} par Q_θ^k), appliquant la formule de Taylor au chemin construit en (2.3.3), montre que I_m^U est engendré par les $I_{m'}^U(U,B',f')$ où B' est obtenu à partir de B par un changement de projection infinitésimal (2.2). Si ce changement de projection correspond après transport de structure (2.2.3) à un automorphisme $\exp(tV)$, l'idéal $I_m^U(U,B',f')$ est engendré par les équations $\exp(-tV)^*(Q^k_{\exp(tV)(\theta)}(x_1,\dots,x_k))$. La propriété de cohérence étant locale, on peut supposer que la suite $0\to f^*(\Omega^1_{B\times S_m/S_m})\to\Omega^1_{U\times S_m/S_m}\to\Omega^1_{U/B}\to 0$ est scindée ce qui permet de parler des champs de vecteurs verticaux $(V\in \mathrm{Hom}(\Omega^1_{U/B\times S_m},\mathcal{O}_{U\times S_m})$ et de champs de vecteurs horizontaux. Si V est un champ de vecteurs verticaux, d'après (2.2.4), on a $\exp(tV)(\theta)=\theta\circ\exp(-tV)$, et donc :

$$\exp(-tV)^*(Q^k_{\exp(tV)(\theta)}(x_1,\dots,x_k)) = Q_\theta^k(\exp(-tV)^*x_1,\dots,\exp(-tV)^*x_k)$$

ce qui prouve que $I_m^U(U,B',f')=J_m(U,B,f)$.

Si V est un champ de vecteurs horizontaux, on a :
$\exp(tV)(\theta)=\sum_{\ell\geq 0}\frac{t^\ell}{\ell!}\mathcal{L}_V^\ell(\theta)\circ\exp(tV)^*$, et donc

$$\exp(-tV)^*(Q^k_{\exp(tV)(\theta)}(x_1,\dots,x_k)) = Q^k_{\sum_{\ell\geq 0}\frac{t^\ell}{\ell!}\mathcal{L}_V^\ell(\theta)}(\exp(-tV)^*x_1,\dots,\exp(-tV)^*x_k)$$

ce qui prouve que $I_m^U(U,B',f')$ est engendré par les termes de la forme

$Q^k \sum_{\ell \geq 0} \frac{t^\ell}{\ell !} \mathcal{L}_V^\ell(\theta)(x_1,\dots,x_k)$, donc que I_m^U est engendré par les termes

$Q^k \sum_{\ell \geq 0} \frac{t^\ell}{\ell !} \mathcal{L}_V^\ell(\theta)(x_1,\dots,x_k)$, $x_i \in \mathcal{O}_X$, $V = Ty$, $y \in \mathcal{O}_X$, T champ de vecteurs sur B . La même remarque que dans la démonstration de la cohérence de $J_m(U,B,f)$ prouve que l'on peut se limiter au cas $x_1 = z^{\alpha_1},\dots,x_k = z^{\alpha_k}$ avec $|\alpha_i| < k$, et le lemme (3.3.1 iii) prouve que l'on peut se limiter au cas $y = z^B$ avec $|B| \leq k$. Ceci prouve la cohérence de I_m^U donc de $\mathcal{T}_m$ et termine la démonstration de [II].

- <u>Condition</u> [III] :

A) Soit A_o un anneau de valuation discrète géométrique sur S_o , et soit K son corps des fractions. Soient $Y = \operatorname{Spec} A_o$ et $Y' = \operatorname{Spec} K$.

Pour tous A_o-modules M et N , puisque K est plat sur A_o , on a un isomorphisme (si M est de type fini) :

$$\operatorname{Hom}_{A_o}(M,N) \otimes_{A_o} K \simeq \operatorname{Hom}_K(M \otimes K, N \otimes K) .$$

On en déduit donc une suite spectrale :

$$E_2^{i,j} = \operatorname{Tor}_{j_{A_o}}(\operatorname{Ext}^i_{A_o}(M,N),K) \Longrightarrow \operatorname{Ext}_K^{i+j}(M\otimes K, N \otimes K) .$$

Si $M = \mathcal{O}_Z$, on a $\operatorname{Ext}^i(\mathcal{O}_Z,N) = 0$ si $i < p$, d'où un isomorphisme

$$\operatorname{Ext}^p_{A_o}(\mathcal{O}_Z,N) \otimes_{A_o} K \simeq \operatorname{Ext}^p_K(\mathcal{O}_Z \otimes K, N \otimes K) .$$

On en déduit que les images de deux classes de Chow distinctes $c,c' \in H^p_{|Z|}(X \times_{S_o} Y, \Omega^p_{X \times_{S_o} Y/Y})$ par l'application

$$H^p_{|Z|}(X \times_{S_o} Y, \Omega^p_{X\times_{S_o} Y/Y}) \to H^p_{|Z \times_{S_o} Y'|}(X \times Y', \Omega^p_{X \times_{S_o} Y'/Y'})$$

sont distinctes, car sinon $c-c'$ serait annulée par une puissance de l'uniformisante de A_o , ce qui contredirait le fait que c et c' sont à support un fermé de codimension p fibre par fibre. (En fait, puisque Y est lisse, il résulte de ([5] chap. 0 §3 Prop. 3) qu'une classe de Chow c est déterminée par la donnée de son support et des multiplicités de chaque composante de ce support, données qui sont génériques).

B) Soit A_o une $\mathcal{O}_{S_o}$-algèbre intègre de type fini, et soient ξ et ξ' ($\xi = (Z,c)$, $\xi' = (Z',c')$) deux éléments de $C_X^p(\mathrm{Spec}\, A_o)$. Soit $\mathcal{S}$ un ensemble dense de points de $\mathrm{Spec}\, A_o$ de type fini, tel que ξ et ξ' induisent le même élément dans $C_X^p(\mathrm{Spec}(k(s)))$ pour tout s dans $\mathcal{S}$. Alors, les fermés Z et Z' qui sont génériquement égaux sont égaux et la classe $c'-c \in H^p_{|Z|}(X \times_{S_o} (\mathrm{Spec}\, A_o), \Omega^p_{X\times \mathrm{Spec}\, A_o/\mathrm{Spec}\, A_o})$ admet un support fermé (dans $\mathrm{Spec}\, A_o$) distinct de $\mathrm{Spec}\, A_o$ tout entier puisqu'elle est nulle au point générique de $\mathrm{Spec}\, A_o$. Sur l'ouvert non vide complémentaire de ce support, on a donc $\xi = \xi'$.

- <u>Condition</u> [IV] :

A) - D'après l'explicitation de $D(A_o,M,\xi_o)$ faite en (4.3.2), puisque les foncteurs Hom et Ext^p commutent à la localisation, il est clair que $D(A_o,M, {}_o)$ commute aussi à la localisation.

- Si $M = \varepsilon A_o$ est un A_o-module libre de rang 1 , si $\xi_o = (Z,c)$, et si $\mathcal{I}_Z$ est l'idéal de Z_{red} dans X , le cas le plus "défavorable" à la finitude de $D(A_o,M,\xi_o)$ est le cas d'un cycle lisse compté k fois étudié en (4.3.1). En effet, dans tous les cas, la nullité des polynômes P_θ^{k+1} , permet d'exprimer la trace d'un élément de $\bigoplus_{i+j \geqslant k+1} K^{i,j}(\mathcal{I}_Z/\mathcal{I}_Z^2)$ comme somme de produits de traces d'éléments de $\mathrm{Kos}^{\leqslant j}(\mathcal{I}_Z/\mathcal{I}_Z^2)$.

Ceci prouve donc que $D(A_o,M,\xi_o)$ est un module qui, localement, pour une projection (U,B,f) de Z , est isomorphe à un quotient du module $\mathrm{Hom\,diff}({}^{o\leqslant}\mathrm{Kos}^{\leqslant k}(\mathcal{I}_Z/\mathcal{I}_Z^2), \Omega^{\cdot}_{B/S})$, donc, en particulier, est un module fini.

B) Au vu de (4.3.2), et puisque Z est propre, la condition IV B) résulte immédiatement du lemme suivant qui sort des lemmes (6.8) et (6.9) de [2].

5.2.2.1. LEMME. Soient $\mathcal{F}$ et $\mathcal{G}$ deux faisceaux cohérents sur $X \times_{S_o} S$, où $S = \operatorname{Spec} A_o$, A_o une $\mathcal{O}_{S_o}$-algèbre intègre de type fini ; on note $\mathcal{F}_s$ la fibre du faisceau $\mathcal{F}$ en un point $s \in S$. Alors

(i) Il existe un ouvert non vide U de S, tel que pour tout $s \in U$, on ait :

$$\underline{\operatorname{Ext}}^p_{X \times_{S_o} S}(\mathcal{F},\mathcal{G})_s \simeq \underline{\operatorname{Ext}}^p_{X \times k(s)}(\mathcal{F}_s,\mathcal{G}_s) .$$

(ii) Si $\mathcal{F}$ est à support propre sur S, il existe un ouvert non vide U de S, tel que, pour tout $s \in U$, on ait

$$H^q(X \times_{S_o} S, \mathcal{F}) \otimes_{A_o} k(s) \simeq H^q(X \times_{S_o} k(s), \mathcal{F}_s) .$$

- Condition [V] :

A) On se donne donc une situation de déformation $(A' \to A \to A_o, M, {}_o)$, une extension infinitésimale de A_o, B, et un morphisme $B \to A$.

On pose $Y_o = \operatorname{Spec} A_o$, $Y = \operatorname{Spec} A$, $Y' = \operatorname{Spec} A'$ et $W = \operatorname{Spec} B$; on veut montrer que la flèche $C^p_X(\operatorname{Spec}(A' \times_A B)) \to C^p_X(Y') \times_{C^p_X(Y)} C^p_X(W)$ est bijective.

Choisissons un fermé propre Z de $X \times_{S_o} Y_o$.

Alors, puisque l'on a

$$\operatorname{Ext}^p(\mathcal{O}_{Z_m} \otimes (A' \times_A B), \Omega^p_{X \times \operatorname{Spec}(A' \times_A B)/\operatorname{Spec}(A' \times B)})$$

$$\simeq \operatorname{Ext}^p(\mathcal{O}_{Z_m} \otimes A', \Omega^p_{X \times Y'/Y'}) \times_{\operatorname{Ext}^p(\mathcal{O}_{Z_m} \otimes A, \Omega^p_{X \times Y/Y})} \operatorname{Ext}^p(\mathcal{O}_{Z_m} \otimes B, \Omega^p_{X \times W/W})$$

par définition de $A' \times_A B$, on a encore

$$H^p_{|Z|}(X \times_{S_o} \operatorname{Spec}(A' \times_A B), \Omega^p_{X \times \operatorname{Spec}(A' \times_A B)/\operatorname{Spec}(A' \times_A B)})$$

$$\simeq H^p_{|Z|}(X \times Y', \Omega^p_{X \times Y'/Y'}) \times_{H^p_{|Z|}(X \times Y, \Omega^p_{X \times Y/Y})} H^p_{|Z|}(X \times W, \Omega^p_{X \times W/W}) .$$

Par ailleurs, si (U,B,f) est une projection de Z dans $X \times_{S_o} Y_o$, travaillant dans les projections $(U \times Y', B \times Y', f \times 1_{Y'})$, $(U \times Y, B \times Y, f \times 1_Y)$, $(U \times W, B \times W, f \times 1_W)$, on a encore :

$$\mathrm{Hom}(T^j_B \times \mathrm{Spec}(A'\times_A B)/\mathrm{Spec}(A'\times_A B), T^{j,s}_{(U\times \mathrm{Spec}(A'\times_A B))^k/\mathrm{Spec}(A'\times_A B)})$$

$$\simeq \mathrm{Hom}(T^j_B\times Y'/Y', T^{j,s}_{(U\times Y')^k/Y'}) \times_{\mathrm{Hom}(T^j_B\times Y/Y', T^{j,s}_{(U\times Y)^k/Y})} \mathrm{Hom}(T^j_B\times W/W', T^{j,s}_{(U\times W)^k/W})$$

ce qui montre la condition VA).

B) Soit une situation de déformation $(A'\to A\to A_o, M)$ où A_o est un anneau de valuation discrète géométrique de corps des fractions K , et où M est libre de rang 1 . Soient A_K et A'_K les localisations de A et A' au point générique de leur spectre et $\xi=(Z,c)$ un élément de $C^p_X(A)$. Notons $X_A, X_{A'}, \ldots,$ les schémas $X\times_{S_o}\mathrm{Spec}\,A$, $X\times_{S_o}\mathrm{Spec}\,A'\ldots$ et soit i l'inclusion : $X_{A'_K}\to X_{A_o\times_K A'_K}$.

Les foncteurs i_* et i^* sont exacts sur les faisceaux cohérents et, si $\mathcal{F}$ et $\mathcal{G}$ sont cohérents respectivement sur $X_{A_o\times_K A'_K}$ et $X_{A'_K}$, on a :

$$\mathrm{Ext}^q_{X_{A'_K}}(i^*\mathcal{F},\mathcal{G}) \simeq \mathrm{Ext}^q_{X_{A_o\times_K A'_K}}(\mathcal{F}, i_*\mathcal{G}) .$$

Or l'obstruction à relever une classe de $\mathrm{Ext}^p(\mathcal{O}_{Z_{m_{A_K}}}, \Omega^p_{X_{A_K}/A_K})$ dans $\mathrm{Ext}^p(\mathcal{O}_{Z_{m_{A'_K}}}, \Omega^p_{X_{A'_K}/A'_K})$ est un élément de $\mathrm{Ext}^{p+1}(\mathcal{O}_{Z_{m_{A'_K}}}, \Omega^p_{X/S_o}\otimes M_K)$.

De même l'obstruction à relever une classe de

$\mathrm{Ext}^p_{X_{A_o\times A_K}}(\mathcal{O}_{Z_{m_{A_o\times A_K}}}, \Omega^p_{X_{A_o\times A_K/A_o\times A_K}})$ dans

$\mathrm{Ext}^p(\mathcal{O}_{Z_{m_{A_o\times A'_K}}}, \Omega^p_{X_{A_o\times A'_K/A_o\times A'_K}})$ est dans $\mathrm{Ext}^{p+1}(\mathcal{O}_{Z_{m_{A_o\times A'_K}}}, \Omega^p_{X/S_o}\otimes i_*(M_K))$.

Donc, les obstructions à relever les images de ξ de $H^p_{|Z|}(X_{A_K}, \Omega^p_{X_{A_K}/A_K})$ dans $H^p_{|Z|}(X_{A'_K}, \Omega^p_{X_{A'_K}/A'_K})$ ou de $H^p_{|Z|}(X_{A_o\times A_K}, \Omega^p_{X_{A_o\times A_K/A_o\times A_K}})$ dans $H^p_{|Z|}(X_{A_o\times A'_K}, \Omega^p_{X_{A_o\times A'_K/A_o\times A'_K}})$ sont les mêmes.

Un raisonnement analogue montre que les obstructions locales correspondant, d'une part au relèvement d'un morphisme de

$\mathrm{Hom}(T^{j}_{B_{A_K}/A_K}, T^{j,s}_{(U_{A_K})}{}^{k}/A_K)$ dans $\mathrm{Hom}(T^{j}_{B_{A'_K}/A'_K}, T^{j,s}_{(U_{A'_K})}{}^{k}/A'_K)$, et d'autre part au relèvement de $\mathrm{Hom}(T^{j}_{B_{A_o \times A_K}/A_o \times A_K}, T^{j,s}_{(U_{A_o \times A_K})}{}^{k}/A_o \times A_K)$ dans $\mathrm{Hom}(T^{j}_{B_{A_o \times A'_K}/A_o \times A'_K}, T^{j,s}_{(U_{A_o \times A'_K})}{}^{k}/A_o \times A'_K)$ coïncident dans un Ext^1 .

C) On adopte les notations de (5.1.3) V C). Nous aurons besoin du

5.2.2.2. LEMME. <u>Sous les hypothèses du lemme</u> (5.2.2.1), <u>il existe un ouvert non vide</u> U <u>de</u> S <u>tel que</u>, <u>pour tout</u> s <u>dans</u> U , <u>pour tout</u> $q \leqslant q_o$ <u>fixé</u>, <u>on ait</u>

$$\underline{\mathrm{Ext}}^q(\mathcal{F}, \mathcal{G} \otimes k(s)) \approx \underline{\mathrm{Ext}}^q(\mathcal{F}, \mathcal{G}) \otimes k(s) .$$

L'assertion est locale sur $X \times_{S_o} S$, pour la topologie étale. On peut donc supposer $X \times_{S_o} S$ affine si $\mathcal{L}.$ est une résolution libre de $\mathcal{F}$, on a :

$$\underline{\mathrm{Hom}}(\mathcal{L}., \mathcal{G} \otimes k(s)) \simeq \underline{\mathrm{Hom}}(\mathcal{L}., \mathcal{G}) \otimes k(s) .$$

Puisque $\underline{\mathrm{Ext}}^q(\mathcal{F}, \mathcal{G} \otimes k(s)) \simeq H^q(\underline{\mathrm{Hom}}(\mathcal{L}., \mathcal{G} \otimes k(s)))$ le lemme résulte de ([EGA IV 9.4.3]).

De la suite spectrale reliant les Ext globaux et locaux, on déduit qu'il existe un ouvert U de S tel que, pour tout $s \in U$, et pour tout $q \leqslant q_o$, on ait

$$\mathrm{Ext}^q(\mathcal{F}, \mathcal{G} \otimes k(s)) \simeq \mathrm{Ext}^q(\mathcal{F}, \mathcal{G}) \otimes k(s) .$$

Or l'obstruction pour relever une classe $c \in \mathrm{Ext}^p(\mathcal{O}_{Z_m}, \Omega^p_{X_A/A})$ dans $\mathrm{Ext}^p(\mathcal{O}_{Z_m}, \Omega^p_{X_{A'}/A'})$ se trouve dans $\mathrm{Ext}^{p+1}(\mathcal{O}_{Z_m}, \Omega^p_{X/S} \otimes M)$, qui, puisque M est libre de rang n , est isomorphe à $(\mathrm{Ext}^{p+1}(\mathcal{O}_{Z_m}, \Omega^p_{X/S}))^n$. Soit $e = (e_1, \ldots, e_n)$ cette obstruction.

L'hypothèse que pour tout quotient M'_K de M_K , de dimension 1 , la classe ne se relève pas en une classe au-dessus de $A_K(M'_K)$, équivaut à dire que toute combinaison linéaire de $e_1, \ldots, e_n$ est une obstruction non nulle, c'est-à-dire que $e_1, \ldots, e_n$ sont linéairement indépendants dans $\mathrm{Ext}^{p+1}(\mathcal{O}_{Z_m},\Omega^p_{X/S})\otimes K$.

Par conséquent, il existe un ouvert non vide U , tel que si $s\in U$, les images de $e_1,\ldots,e_n$ soient linéairement indépendantes dans

$$\mathrm{Ext}^{p+1}(\mathcal{O}_{Z_m},\Omega^p_{X/S})\otimes k(s)$$

donc, quitte à restreindre U , d'après ce qui précède, encore linéairement indépendantes dans

$$\mathrm{Ext}^{p+1}(\mathcal{O}_{Z_m},\Omega^p_{X/S}\otimes k(s)) .$$

Donc pour tout quotient $N \simeq k(s)$ de M , de longueur 1 , à support $s\in U$, la classe ne se relève pas à $\mathrm{Ext}^p(\mathcal{O}_{Z_m},\Omega^p_{X_{A(N)}/A(N)})$.

Dans le cas où l'obstruction au relèvement de c serait locale (i.e. où c se relèverait en une classe de $\mathrm{Ext}^p(\mathcal{O}_{Z_m},\Omega^p_{X_{A'}/A'})$ mais qui n'induise pas pour des projections (U,B,f) des morphismes φ'^j), on procède de la même façon qu'avec l'obstruction globale dans Ext^1 .

Ceci termine la démonstration du théorème (5.2.1).

REMARQUE. L'analogue du théorème de M. Artin en géométrie analytique vient d'être démontré par Bingener.

Si dans le théorème (5.2.1), on prend $S_o = \mathrm{Spec}\,\mathbb{C}$, X un espace analytique lisse, purement de dimension N , alors le foncteur C^p_X est représentable par un espace analytique, localement de type fini. La démonstration est analogue modulo la vérification d'une condition de passage formel - analytique qui est aisée dans le cas du foncteur de Chow.

6. LE CAS PROJECTIF - LE CAS RÉDUIT

6.1. COMPARAISON AVEC L'ESPACE DES CYCLES DE BARLET

6.1.1. THÉORÈME. _Soit_ X _un schéma lisse sur_ $\mathbb{C}$, _de pure dimension_ $N = n+p$. _Soit_ $B^p(X)$ _l'espace analytique des cycles construit par Barlet dans_ [5]. _On a alors un isomorphisme d'espaces analytiques de_ $B_p(X)$ _sur_ $C^p(X)_{red}$.

Rappelons tout d'abord le résultat essentiel de [6] (théorèmes 2 et 3 de [6]).

6.1.2. LEMME. _Sous les hypothèses du théorème_ 6.1.1, _une famille de cycles de_ X _de pure dimension_ n , $(Z_s)_{s\in S}$ _paramétrée par un espace analytique réduit_ S _et dont le graphe_ Z _est un sous-ensemble analytique fermé de_ $X\times S$, _est analytique locale si et seulement si elle admet une classe fondamentale relative_.

6.1.3. LEMME. _Une classe fondamentale relative d'un cycle_ Z _de_ $X\times S$ (_au sens de_ [6]) _vérifie les propriétés équivalentes du théorème_ (4.1.1), _si_ S _est réduit_.

Puisque S est réduit, il suffit de vérifier que pour tout $s\in S$, la classe de Z_s vérifie les conditions du théorème. Si $Z_s = \sum_i n_i Z_i$, la classe c_{Z_s} est égale à $\sum_i n_i c_{Z_i}$, et, en appliquant $\delta_{s+h}x_h \dots \delta_{s+1}x_1 \mathcal{L}_s y_s \dots \mathcal{L}_1 y_1$ aux deux membres de l'égalité de la proposition (1.6.1) et en concluant comme dans (1.6.2), on voit que l'on peut supposer que Z_s est irréductible génériquement lisse. La propriété étant générique, on peut donc supposer Z_s lisse, et choisissant la projection de Z_s sur lui-même, on est dans le cas où la trace est l'identité.

Dans ce cas, les propriétés du théorème (4.1.1) sont évidemment vérifiées.

6.1.4. DÉMONSTRATION DE (6.1.1)

Notons B_X^p le foncteur de Barlet (rappelons que pour S réduit $B_X^p(S)$ consiste en les familles analytiques locales $(Z_s)_{s\in S}$ à support compact).

Si $(Z_s)_{s\in S}$ est une famille analytique locale à support compact, le lemme 6.1.2 lui associe une classe fondamentale c_Z qui, d'après le lemme 6.1.3 vérifie les propriétés de (4.1.1), de sorte que $(|Z|, c_Z)$ appartient à $C_X^p(S)$.

On a donc défini une application $\varphi : B_X^p(S) \to C_X^p(S)$ (pour S réduit).

- Montrons que φ est injective.

La donnée de $(|Z|, c_Z)$ étant équivalente à la donnée des $(|Z_s|, c_{Z_s})$, on est ramené au cas où S est le spectre d'un corps. Dans ce cas, c_Z détermine une trace au niveau des anneaux, pour toute projection (U,B,f), $\theta : \mathcal{O}_U \to \mathcal{O}_B$ et d'après (4.1.1) et (1.5.3), c_Z détermine donc un morphisme $B \to \mathrm{Sym}_B^k U$, et d'après ([5], chap. O, §3, Proposition 3), ce morphisme détermine $Z \cap U$. En faisant varier U, on obtient donc Z.

- Montrons que φ est surjective.

Soit donc $(|Z|, c_Z)$ un élément de $C_X^p(S)$. Il nous faut montrer que c_Z est la classe fondamentale d'une famille analytique locale $(Z_s)_{s\in S}$ à support dans $|Z|$. Comme précédemment, par définition des classes fondamentales relatives, ([6] §2, Définition 1), on peut supposer que S est un point. Pour toute projection (U,B,f), on a encore un morphisme $B \to \mathrm{Sym}_B^k(U)$ qui détermine un cycle $Z \cap U$ à support dans $|Z|$. De plus ce cycle est déterminé par les multiplicités données aux différentes composantes irréductibles de $|Z|$. Il est donc déterminé par la valeur du morphisme $B \to \mathrm{Sym}_B^k(U)$ au point générique. Il est donc indépendant de la projection (U,B,f) choisie (on est ramené à la dimension $n=0$, et une classe appartenant à $H^N(X, \Omega_{X/C}^N)$ vérifiant (4.1.1) est la donnée d'un point de $\mathrm{Sym}_C^k(U)$). Soit c'_Z la classe fondamentale de Z. En appliquant à nouveau ([5], chap. O, §3, Prop. 3), on obtient que, pour toute projection (U',B',f'), c_Z et c'_Z induisent le même morphisme $B' \to \mathrm{Sym}^k_{B'}U'$, donc la même trace $\mathcal{O}_{U'} \to \mathcal{O}_{B'}$. Dès lors, l'égalité $c_Z = c'_Z$ résulte de la propriété d'unicité des classes fondamentales ([12], V, 5.1, Proposition 5). On a donc une bijection de $B^p_X(S)$ sur $C^p_X(S)$ qui induit un isomorphisme entre les deux espaces analytiques $B^p(X)$ et $C^p(X)_{red}$ qui représentent les deux foncteurs B^p_X et C^p_X définis sur la classe des schémas de type fini sur $\mathbb{C}$.

6.2. COORDONNÉES DE CHOW

6.2.1. THÉORÈME. <u>Soient</u> X <u>une variété algébrique projective de dimension</u> N, <u>et</u> j <u>une immersion fermée</u> $X \to \mathbb{P}_{N'}(\mathbb{C})$. <u>On note</u> $\mathrm{Chow}^p(X,j)$, <u>la variété projective réduite des cycles de codimension</u> p <u>de</u> X. <u>Alors</u>, <u>on a un isomorphisme</u> :

$$C^p(X)_{red} \simeq \mathrm{Chow}^p(X,j) .$$

Cela résulte immédiatement du théorème (6.1.1) et du corollaire du théorème 7 de [5] (chap. IV) (la définition de $\mathrm{Chow}^p(X,j)$ se trouve dans [1] §2.4 b).

6.2.2. REMARQUES. 1) Il n'est guère raisonnable d'espérer plus que le théorème 6.1.1, la construction des coordonnées de Chow étant par nature attachée seulement à la structure réduite des variétés.

2) Le théorème (6.2.1) et le théorème (3.2) de [3] montrent que dans le cas d'une variété algébrique projective, $C^p(X)$ est un schéma.

6.3. IMAGES DIRECTES

6.3.1. THÉORÈME. <u>Soit</u> S_o <u>un schéma affine de caractéristique zéro</u>. <u>Soient</u> X <u>et</u> X' <u>deux schémas séparés lisses sur</u> S_o, <u>purement de dimension</u> N <u>et</u> N', <u>et soit</u> $f : X \to X'$ <u>un</u> S_o<u>-morphisme</u> <u>propre</u>. <u>Soit</u> $p \leqslant N$, <u>et soit</u> $\mathcal{U}$ <u>l'ouvert des cycles de</u> $C^p(X)$ <u>qui sont finis sur leur image par</u> f. <u>On a alors un morphisme d'espaces algébriques</u> :

$f_* : \mathfrak{U} \to C^{p+N'-N}(X')$.

<u>De plus, si</u> $g : X' \to X''$ <u>est un autre</u> S_o<u>-morphisme, on a</u> $(g\circ f)_* = g_*\circ f_*$ (<u>sur l'ouvert des cycles de</u> $C^p(X)$ <u>qui sont finis sur leur image par</u> $g\circ f$).

<u>Si</u> f <u>est un morphisme fini, on a alors</u> $\mathfrak{U} = C^p(X)$.

Soit S un S_o-schéma, et soit $(|Z|,c)$ un élément de $C^p_X(S)$ tel que pour tout $s \in S$, $|Z|_s$ soit dans $\mathfrak{U}$. Alors $|Z|$ est un compact de pure codimension p dans chaque fibre du morphisme $X\times S \to S$, et $f(|Z|)$ est donc un compact de pure codimension $p+N'-N$ dans chaque fibre du morphisme $X'\times S \to S$.

De plus, c est un élément d'un

$$\mathrm{Ext}^p(\mathcal{O}_{Z_m},\Omega^p_{X\times S/S}) \simeq \mathrm{Hom}_{\mathcal{O}_X\times S}(\mathcal{O}_{Z_m}\otimes\Omega^n_{X\times S/S}[n],K^\cdot_{X\times S/S}) .$$

En composant cet homomorphisme avec, d'un côté la trace $\mathrm{Tr}_f : K^\cdot_{X\times S/S} \to K^\cdot_{X'\times S/S}$ (f est propre), et de l'autre, avec l'homomorphisme $f^\# : \mathcal{O}_{Z_m}\otimes\Omega^n_{X'\times S/S}[n] \to \mathcal{O}_{Z_m}\otimes\Omega^n_{X\times S/S}[n]$, on obtient une classe c' appartenant à

$$\mathrm{Hom}_{\mathcal{O}_{X'}}(\mathcal{O}_{f(Z)_m}\otimes\Omega^n_{X'\times S/S}[n],K^\cdot_{X'\times S/S}) \simeq \mathrm{Ext}^{N'-N+p}_{X'\times S}(\mathcal{O}_{f(Z)_m},\Omega^{p+N'-N}_{X'\times S/S}) .$$

Pour vérifier que le couple $(|f(Z)|,c')$ est un élément de $C^{p+N'-N}_{X'}(S)$, on peut choisir une projection de $f(Z)$ autour d'un point z, soit (U',B',q') telle que, si $U = f^{-1}(U')$, le morphisme $q'\circ f|U\circ j$ est fini ($j : Z\times U \to U$). La trace $\theta' : q'_*(\Omega^\cdot_{U'/S}) \to \Omega^\cdot_{B'/S}$ est égale au composé : $q'_*(\Omega^\cdot_{U'/S}) \to f^* q_*\Omega^\cdot_{U/S} \xrightarrow{\theta} f^*(\Omega^\cdot_{B/S})$. Dès lors, il est clair que si l'on a $\theta_{R^{h,k}_s} = 0$, on aura les conditions analogues pour θ' (cf. la démonstration de (4.1.1) et (1.7.4)). Il résulte alors de la proposition (3.1) que c' est une classe de Chow pour $|f(Z)|$.

On a donc défini une application $f_* : C^p_X(S) \cap (\mathfrak{U}\times S) \to C^{p+N'-N}_{X'}(S)$ qui induit un morphisme

$$\mathfrak{U} \to C^{p+N'-N}(X') .$$

La relation $(g\circ f)_* = g_*\circ f_*$ résulte immédiatement des relations $Tr_{g\circ f} = Tr_g\circ Tr_f$ et $(g\circ f)^{\#} = f^{\#}\circ g^{\#}$.

6.3.2. COROLLAIRE. _Si, sous les hypothèses du théorème_ 6.3.1, _on suppose de plus, que_ f _est une immersion fermée, alors_ f_* _est aussi une immersion fermée_.

Puisque l'homomorphisme $q'_*(\Omega^{\cdot}_{U'/S}) \to f^* q_*(\Omega^{\cdot}_{U/S})$ est surjectif, la donnée de θ' détermine θ et l'application $C^p_X(S) \to C^{p+N'-N}_{X'}(S)$ est donc injective. De plus, pour qu'un couple (Z',c') de $C^{p+N'-N}_{X'}(S)$ appartienne à l'image de $C^p_X(S)$, il faut et il suffit que Z' soit contenu dans X, et que la classe c' soit nulle sur X'/X, i.e. que si $\mathcal{J}$ est l'idéal de X dans X', pour toute projection (U',B',q'), la trace $\theta' : \mathcal{O}_{Z'_m} \otimes \Omega^n_{U'/S} \to \Omega^n_{B/S}$ se factorise en $\theta' : \mathcal{O}_{Z'_m} \otimes \Omega^n_{U'/S} \to \mathcal{O}_{Z_m} \otimes \Omega^n_{U/S} \xrightarrow{\theta} \Omega^n_{B/S}$, c'est-à-dire que θ' soit nulle sur l'idéal de $\mathcal{O}_{Z'_m} \otimes \Omega^{\cdot}_{U'/S}$ engendré par $\mathcal{J}_U/\mathcal{J}^2_U$, ce qui est bien une condition fermée.

6.3.3. COROLLAIRE. _Soit_ S_o _un schéma affine de caractéristique zéro. Soit_ X _un_ S_o_-schéma non nécessairement lisse séparé purement de dimension_ N. _Supposons qu'il existe une immersion fermée_ $f : X \to X'$ _dans un_ S_o_-schéma_ X' _lisse séparé purement de dimension_ N'. _Pour tout_ S_o_-schéma_ S, _notons_ $C^p_X(S)$ _l'ensemble des couples_ (Z,c) _de_ $C^{p+N'-N}_{X'}(S)$, _où_ Z _est un fermé propre de_ X, _et où la classe_ c _est nulle dans_ X'/X (_au sens de la démonstration de_ (6.3.2)).

Alors, le foncteur $C^p_X(S)$ _est indépendant de_ X', _et est représentable par un espace algébrique localement de type fini sur_ S_o _et séparé qui sera noté_ $C^p(X)$.

La représentabilité de C^p_X provient de ce que $C^p_X(S)$ est un sous-foncteur fermé de $C^{p+N'-N}_{X'}(S)$. En effet un automorphisme φ de X' qui induit l'identité sur X induit l'identité sur $C^p_X(S)$ car si un couple (Z',c') appartient à l'image de $C^p_X(S)$, on a $\varphi(Z') = Z'$ car $Z' \subset X$, et $\theta' \circ \varphi = \theta'$ car θ' se factorise via $\mathcal{O}_{Z_m} \otimes \Omega^n_{U/S}$, et φ induit l'identité sur $\mathcal{O}_{Z_m} \otimes \Omega^n_{U/S}$ (m est un entier assez grand).

Pour montrer que $c^p_X(S)$ est indépendant de X', prenant deux immersions fermées de X dans X' et X'', on peut les coiffer localement par une troisième X''', ce qui permet de se ramener au cas où l'on a une immersion fermée $X' \to X''$. L'idéal $\mathcal{I}_{X,X''}$ de X dans X'' étant égal à $\mathcal{I}_{X,X'}\, \mathcal{O}_{X''} + \mathcal{I}_{X',X''}$, dire qu'une classe c est nulle sur X''/X équivaut à dire qu'elle est nulle sur X''/X' et sur X'/X, ce qui prouve que $c^p_X(S)$ est le même, qu'on le calcule à l'aide de X' ou de X'', d'après (6.3.2). Ceci prouve le corollaire.

De plus le corollaire (6.3.2) prouve que la définition de $c^p(X)$ dans le cas lisse donnée par (6.3.3) coïncide bien avec l'ancienne définition.

6.3.4. REMARQUE. Dans le cas X non lisse, la classe c reste un élément de $\mathrm{Hom}_{\mathcal{O}_{X\times S}}(\mathcal{O}_{Z_m} \otimes \Omega^n_{X\times S/S}[n], K^{\cdot}_{X\times S/S})$ qui n'est plus isomorphe à $\mathrm{Ext}^p(\mathcal{O}_{Z_m}, \Omega^p_{X\times S/S})$.

6.4. UN EXEMPLE

Nous allons étudier ici le schéma de Chow des courbes de degré 2 dans $\mathbb{P}^3$.

6.4.1. PROPOSITION. Les courbes de degré 2 de $\mathbb{P}^3$ forment un fermé de $C^2(\mathbb{P}_3)$ noté $C^2(\mathbb{P}_3)(2)$. $C^2(\mathbb{P}_3)(2)$ est un schéma de dimension 8. On peut le recouvrir par 6 cartes, où $C^2(\mathbb{P}_3)(2)$ est localement le fermé de $\mathbb{C}^{15}$, avec les coordonnées $(a^1_0, a^1_1, a^2_0, a^2_1, a^{11}_0, a^{11}_1, a^{11}_2, a^{12}_0, a^{12}_1, a^{12}_2, a^{22}_0, a^{22}_1, a^{22}_2, b^{12}_1, b^{12}_2)$ donné par les 12 équations

$$(1)\quad \begin{vmatrix} 2 & a^1_0 & a^2_0 \\ a^1_0 & a^{11}_0 & a^{12}_0 \\ a^2_0 & a^{12}_0 & a^{22}_0 \end{vmatrix} = 0$$

(2) $$\begin{vmatrix} 0 & a_0^1 & a_0^2 \\ a_1^1 & a_0^{11} & a_0^{12} \\ a_1^2 & a_0^{12} & a_0^{22} \end{vmatrix} + \begin{vmatrix} 2 & a_1^1 & a_0^2 \\ a_0^1 & a_1^{11} & a_0^{12} \\ a_0^2 & a_1^{12} & a_0^{22} \end{vmatrix} + \begin{vmatrix} 2 & a_0^1 & a_1^2 \\ a_0^1 & a_0^{11} & a_1^{12} \\ a_0^2 & a_0^{12} & a_1^{22} \end{vmatrix} = 0$$

(3) $$\begin{vmatrix} 2 & 0 & a_0^2 \\ a_0^1 & a_2^{11} & a_0^{12} \\ a_0^2 & a_2^{12} & a_0^{22} \end{vmatrix} + \begin{vmatrix} 2 & a_0^1 & 0 \\ a_0^1 & a_0^{11} & a_2^{12} \\ a_0^2 & a_0^{12} & a_2^{22} \end{vmatrix} + \begin{vmatrix} 0 & a_1^1 & a_0^2 \\ a_1^1 & a_1^{11} & a_0^{12} \\ a_1^2 & a_1^{12} & a_0^{22} \end{vmatrix} + \begin{vmatrix} 2 & a_1^1 & a_1^2 \\ a_0^1 & a_1^{11} & a_1^{12} \\ a_0^2 & a_1^{12} & a_1^{22} \end{vmatrix}$$

$$+ \begin{vmatrix} 0 & a_0^1 & a_1^2 \\ a_1^1 & a_0^{11} & a_1^{12} \\ a_1^2 & a_0^{12} & a_1^{22} \end{vmatrix} = 0$$

(4) $$\begin{vmatrix} 0 & a_1^1 & a_1^2 \\ a_1^1 & a_1^{11} & a_1^{12} \\ a_1^2 & a_1^{12} & a_1^{22} \end{vmatrix} + \begin{vmatrix} 0 & 0 & a_0^2 \\ a_1^1 & a_2^{11} & a_0^{12} \\ a_1^2 & a_2^{12} & a_0^{22} \end{vmatrix} + \begin{vmatrix} 0 & a_0^1 & 0 \\ a_1^1 & a_0^{11} & a_2^{12} \\ a_1^2 & a_0^{12} & a_2^{22} \end{vmatrix} + \begin{vmatrix} 2 & a_1^1 & 0 \\ a_0^1 & a_1^{11} & a_2^{12} \\ a_0^2 & a_1^{12} & a_2^{22} \end{vmatrix}$$

$$+ \begin{vmatrix} 2 & 0 & a_1^2 \\ a_0^1 & a_2^{11} & a_1^{12} \\ a_0^2 & a_2^{12} & a_1^{22} \end{vmatrix} = 0$$

(5) $$\begin{vmatrix} 2 & 0 & 0 \\ a_0^1 & a_2^{11} & a_2^{12} \\ a_0^2 & a_2^{12} & a_2^{22} \end{vmatrix} + \begin{vmatrix} 0 & a_1^1 & 0 \\ a_1^1 & a_1^{11} & a_2^{12} \\ a_1^2 & a_1^{12} & a_2^{22} \end{vmatrix} + \begin{vmatrix} 0 & 0 & a_1^2 \\ a_1^1 & a_2^{11} & a_1^{12} \\ a_1^2 & a_2^{12} & a_1^{22} \end{vmatrix} = 0$$

(6) $$\begin{vmatrix} 2 & a_0^1 & a_1^2 \\ a_0^1 & a_0^{11} & b_1^{12} \\ a_0^2 & a_0^{12} & \frac{1}{2}a_1^{22} \end{vmatrix} = 0$$

(7) $$\begin{vmatrix} 0 & a_0^1 & a_1^2 \\ a_1^1 & a_0^{11} & b_1^{12} \\ a_1^2 & a_0^{12} & \frac{1}{2}a_1^{22} \end{vmatrix} + \begin{vmatrix} 2 & a_1^1 & a_1^2 \\ a_0^1 & a_1^{11} & b_1^{12} \\ a_0^2 & a_1^{12} & \frac{1}{2}a_1^{22} \end{vmatrix} + \begin{vmatrix} 2 & a_0^1 & 0 \\ a_0^1 & a_0^{11} & b_2^{12} \\ a_0^2 & a_0^{12} & a_2^{22} \end{vmatrix} = 0$$

(8) $$\begin{vmatrix} 2 & 0 & a_1^2 \\ a_0^1 & a_2^{11} & b_1^{12} \\ a_0^2 & a_2^{12} & \frac{1}{2}a_1^{22} \end{vmatrix} + \begin{vmatrix} 2 & a_1^1 & 0 \\ a_0^1 & a_1^{11} & b_2^{12} \\ a_0^2 & a_1^{12} & a_2^{22} \end{vmatrix} + \begin{vmatrix} 0 & a_1^1 & a_1^2 \\ a_1^1 & a_1^{11} & b_1^{12} \\ a_1^2 & a_1^{12} & \frac{1}{2}a_1^{22} \end{vmatrix} + \begin{vmatrix} 0 & a_0^1 & 0 \\ a_1^1 & a_0^{11} & b_2^{12} \\ a_1^2 & a_0^{12} & a_2^{22} \end{vmatrix} = 0$$

$$(9)\quad \begin{vmatrix} 2 & a_1^1 & a_1^2 \\ a_1^1 & a_2^{11} & b_2^{12} \\ a_1^2 & a_2^{12} & a_2^{22} \end{vmatrix} = 0$$

$$(10)\quad \begin{vmatrix} 2 & a_0^1 & a_0^2 \\ a_1^1 & \frac{1}{2}a_1^{11} & a_1^{12}-b_1^{12} \\ a_1^2 & b_1^{12} & \frac{1}{2}a_1^{22} \end{vmatrix} = 0$$

$$(11)\quad \begin{vmatrix} 2 & a_1^1 & a_0^2 \\ a_1^1 & a_2^{11} & a_1^{12}-b_1^{12} \\ a_1^2 & b_2^{12} & \frac{1}{2}a_1^{22} \end{vmatrix} + \begin{vmatrix} 2 & a_0^1 & a_1^2 \\ a_1^1 & \frac{1}{2}a_1^{11} & 2a_2^{12}-b_2^{12} \\ a_1^1 & b_1^{12} & a_2^{22} \end{vmatrix} = 0$$

$$(12)\quad \begin{vmatrix} 2 & a_1^1 & a_1^2 \\ a_1^1 & a_2^{11} & 2a_2^{12}-b_2^{12} \\ a_1^2 & b_2^{12} & a_2^{22} \end{vmatrix} = 0$$

Soient x_0 , x_1 , x_2 , x_3 les coordonnées dans $\mathbb{P}^3$.

Une courbe de $\mathbb{P}^3$ de degré 2 est soit une conique plane soit formée par deux droites éventuellement confondues. Elle est donc toujours quasi-finie sur l'une des droites $x_i = x_j = 0$ $(i,j \in \{0,1,2,3\})$. Travaillons par exemple dans l'ouvert $x_o \neq 0$ et projetons sur la droite $x_1 = x_2 = 0$ cf. (6.4.3 4°)). Soit $S = \operatorname{Spec} R$ un schéma affine sur $\mathbb{C}$. Nous allons donc travailler dans la projection $(U = \operatorname{Spec}(R[x_1,x_2,x_3])$, $B = \operatorname{Spec}(R[x_3]), f)$ où f correspond à l'inclusion $R[x_3] \to R[x_1,x_2,x_3]$. Une classe fondamentale c sur U est déterminée par la donnée de la trace θ sur $S^2(I/I^2) \oplus S^1(I/I^2) \otimes \Lambda^1(I/I^2)$ dans $\Omega^1_{B/S}$ où I est l'idéal (x_1,x_2). En d'autres termes, il faut connaître $\theta(x_1)$, $\theta(x_2)$, $\theta(x_1^2)$, $\theta(x_1x_2)$, $\theta(x_2^2)$, $\theta(dx_1)$, $\theta(dx_2)$, $\theta(x_1dx_1)$, $\theta(x_1dx_2)$, $\theta(x_2dx_1)$, $\theta(x_2dx_2)$. De plus, les équations qui définissent le support Z de c , qui sont du type : $x_1^2 - \theta(x_1)x_1 + \frac{1}{2}P_\theta^2(x_1) = 0$, ou encore

$$x_1dx_2 - \tfrac{1}{2}\theta(x_1)dx_2 - \tfrac{1}{2}\theta(dx_2)x_1 + \tfrac{1}{2}P_\theta^2(x_1,dx_2) = 0$$

doivent être de "degré" inférieur ou égal à deux, ce qui nous permet de poser, en tenant compte de ce que puisque $d'c=0$, $\theta d = d\theta$:

$$\theta(x_1) = a_0^1 + a_1^1 x_3$$

$$\theta(x_2) = a_0^2 + a_1^2 x_3$$

$$\theta(x_1^2) = a_0^{11} + a_1^{11}x_3 + a_2^{11}x_3^2$$

$$\theta(x_1x_2) = a_0^{12} + a_1^{12}x_3 + a_2^{12}x_3^2$$

$$\theta(x_2^2) = a_0^{22} + a_1^{22}x_3 + a_2^{22}x_3^2$$

$$\theta(dx_1) = a_1^1 dx_3 \quad \theta(dx_2) = a_1^2 dx_3$$

$$\theta(x_1dx_1) = \tfrac{1}{2}a_1^{11}dx_3 + a_2^{11}x_3dx_3$$

$$\theta(x_2dx_2) = \tfrac{1}{2}a_1^{22}dx_3 + a_2^{22}x_3dx_3$$

$$\theta(x_1dx_2) = b_1^{12}dx_3 + b_2^{12}x_3dx_3$$

$$\theta(x_2dx_1) = (a_1^{12}-b_1^{12})dx_3 + (2a_2^{12}-b_2^{12})x_3dx_3 .$$

6.4.2. LEMME. $\mathrm{Sym}^2(\mathbb{C}^2)$ <u>est isomorphe au fermé de</u> $\mathbb{C}^5$ <u>donné par l'équation</u> :
$$\begin{vmatrix} 2 & N^1 & N^2 \\ N^1 & N^{11} & N^{12} \\ N^2 & N^{12} & N^{22} \end{vmatrix} = 0$$
<u>où</u>, $\mathrm{Sym}^2\,\mathbb{C}^2$ <u>est muni des coordonnées</u> t_1, t_2, t_1', t_2' <u>et où</u> $N^1 = t_1+t_1'$, $N^2 = t_2+t_2'$, $N^{11} = t_1^2+t_1'^2$, $N^{12} = t_1t_2+t_1't_2'$, $N^{22} = t_2^2+t_2'^2$).

La connaissance de N^1, N^2, N^{11}, N^{22} détermine t_1, t_1', t_2, t_2' et l'équation ci-dessus peut-être considérée comme une équation du second degré en N^{12}, dont on vérifie immédiatement que les racines sont $t_1t_2+t_1't_2'$ et $t_1t_2'+t_1't_2$.

On savait déjà que cette équation était vraie par (1.8.1).

Cela prouve, en vertu du chapitre 1, que si une trace θ est définie sur $S^{\leqslant 2}(I/I^2)$ en vérifiant l'équation ci-dessus, elle se prolonge d'une manière unique en une trace sur $S^{\bullet}(I/I^2)$ telle que $P_\theta^3 = 0$.

Revenant à la démonstration de (6.4.1), une classe C est de Chow sur U si et seulement si on a ${}^{\theta}R_0^{0,2} = 0$ et ${}^{\theta}R_0^{1,2} = 0$, ce qui peut se réécrire $P_\theta^3 = 0$, le produit étant entendu dans $S^\cdot(\Omega^1_{B/S})$.

Cela revient à dire que les équations

$$\begin{vmatrix} 2 & \theta(y_1) & \theta(y_2) \\ \theta(y_3) & \theta(y_1y_3) & \theta(y_2y_3) \\ \theta(y_4) & \theta(y_1y_4) & \theta(y_2y_4) \end{vmatrix} = L(y_1,y_2,y_3,y_4) = 0 \quad \text{doivent être vérifiées}$$

lorsque (y_1,y_2,y_3,y_4) décrivent l'ensemble $\{x_1,x_2,dx_1,dx_2\}$ d'après le lemme (6.4.2), (avec $y_1,y_3,y_2y_3,y_1y_4,y_2y_4 \in \{x,x_2,x_1^2,x_2^2,x_1dx_1,x_2dx_2, x_2dx_1,x_2dx_2\}$.

En tenant compte de ce que $L(y_1,y_2;y_3,y_4)$ est alternée en (y_1,y_2), alternée en (y_3,y_4), symétrique en les couples (y_1,y_2) et (y_3,y_4) et de ce que l'on a

$dL(y_1,y_2;y_3,y_4) = L(dy_1,y_2;y_3,y_4) + L(y_1,dy_2;y_3,y_4) + L(y_1,y_2;dy_3,y_4) + L(y_1,y_2;y_3,dy_4)$,

on voit rapidement que l'on peut se limiter aux trois équations

$L(x_1,x_2;x_1,x_2) = 0$; $L(x_1,dx_2;x_1,x_2) = 0$ et $L(dx_1,dx_2;x_1,x_2) = 0$.

En développant, la première donne les équations (1) à (5), la deuxième les équations (6) à (9) et la troisième les équations (10) à (12).

6.4.3. REMARQUE. 1°) $C^2(\mathbb{P}_3)(2)_{red}$ est localement le fermé de $\mathbb{C}^{13}$ avec les coordonnées $(a_0^1,a_1^1,a_0^2,a_1^2,a_0^{11},a_1^{11},a_2^{11},a_0^{12},a_1^{12},a_2^{12},a_0^{22},a_1^{22},a_2^{22})$ donné par les équations (1) à (5).

En effet la trace au niveau des différentielles est déterminée par la trace au niveau des anneaux, lorsque l'espace des paramètres est réduit, d'après (6.1) (on pourrait d'ailleurs le vérifier directement ici). $C^2(\mathbb{P}_3)(2)_{red}$ est un schéma de dimension 8 localement intersection complète dans $\mathbb{C}^{13}$ (cela provient de ce que $\mathrm{Sym}^2(\mathbb{C}^2)$ est intersection complète dans $\mathbb{C}^5$).

2°) Le lecteur désireux d'approfondir cet exemple vérifiera les faits suivants : $C^2(\mathbb{P}_3)(2)$ comporte deux composantes irréductibles de dimension 8 , l'une Γ_1 correspondant aux couples de droites de l'espace, l'autre correspondant aux coniques.

L'intersection $\Gamma_1 \cap \Gamma_2$ est le lieu singulier de $C^2(\mathbb{P}_3)(2)$; il est de dimension 7 et correspond aux couples de droites coplanaires.

On note dans $\Gamma_1 \cap \Gamma_2$ une sous-variété Δ correspondant aux droites doubles. $C^2(\mathbb{P}_3)(2)$ est réduit en dehors de Δ.

La dimension de l'espace tangent en un point de Δ est 15. La dimension de l'espace tangent en un point de $(\Gamma_1 \cap \Gamma_2)-\Delta$ est 12.

Δ a pour équations les "mineurs" d'ordre 2 des équations (1) à (12).

3°) Cet exemple a été successivement étudié par Johnson ([22]) en 1914, Todd ([26]) en 1932, et Ruse ([25]) en 1936 par la méthode classique des "coordonnées de Chow" via la forme de Cayley.

4°) Justifions enfin le fait que l'on se soit permis de se restreindre à l'ouvert $x_o \neq 0$.

Si F est un fermé de $X = \mathbb{P}^3$ et si $U = X-F$, on a la suite exacte de cohomologie

$$H^p_{Z\cap F}(X,\Omega^p_{X/S}) \to H^p_Z(X,\Omega^p_{X/S}) \to H^p_Z(U,\Omega^p_{X/S}) \to H^{p+1}_{Z\cap F}(X,\Omega^p_{X/S}) .$$

Si Z et F sont transverses et si F est un fermé de codimension d dans X, on a $\operatorname{codim}_X(Z\cap F) = p+d$, donc $H^p_{Z\cap F}(X,\Omega^p_{X/S}) = 0$, et si $d \geqslant 2$, $H^{p+1}_{Z\cap F}(X,\Omega^p_{X/S}) = 0$.

En d'autres termes, si Z et F sont transverses, ce que nous pouvons supposer ici, une classe c appartenant à $H^p_Z(U,\Omega^p_{X/S})$ possède au plus un prolongement à $H^p_Z(X,\Omega^p_{X/S})$, et ce prolongement existe automatiquement si le fermé est de codimension au moins égale à 2.

Mais ici le fermé $x_o = 0$ est de codimension 1. Néanmoins, le raisonnement précédent prouve que l'on peut négliger le fermé $x_o = x_3 = 0$ qui est de codimension 2, et que pour montrer l'existence du prolongement, on peut travailler dans un ouvert affine. Quitte à échanger x_o et x_1, on supposera donc que la classe c est définie sur l'ouvert $x_3 \neq 0$, et on travaillera dans l'ouvert $x_o \neq 0$.

Si le degré de Z sur la droite $x_1 = x_2 = 0$ est égal à 2 , alors pour que Q_θ^2 soit toujours un polynôme de degré au plus 2 , il est clair que la trace a la forme donnée dans la démonstration de (6.4.1) donc qu'elle se prolonge sur tout l'ouvert affine $x_o \neq 0$.

Si le degré de Z sur la droite $x_1 = x_2 = 0$ est strictement inférieur à 2 , alors il est égal à 1 , donc θ est un morphisme d'anneaux et il suffit de connaître $\theta(x_1)$ et $\theta(x_2)$. On doit alors avoir $Q_\theta^1(x_i) = x_i - \theta(x_i)$ qui est un "polynôme" de degré au plus 2 , d'où :

$$\theta(x_i) = a_i^{-1} \frac{1}{x_3} + a_i^o + a_i^1 x_3 .$$

La condition $Q_\theta^1(x_i) = 0$ se réécrit donc $x_i x_3 - a_i^{-1} - a_i^o x_3 - a_i^1 x_3^2 = 0$.

On a alors une contradiction car le morphisme de Z sur la droite $x_1 = x_2 = 0$ n'est pas un morphisme fini.

7. LE MORPHISME DU SCHÉMA DE HILBERT DANS LE SCHÉMA DE CHOW

7.1. CLASSE FONDAMENTALE DANS LE CAS PLAT

7.1.1. PROPOSITION. Soit S un schéma de caractéristique zéro. Soit X un schéma lisse sur S, et soit Z un sous-schéma fermé de X purement de codimension p et plat sur S. Alors la classe fondamentale $c_{Z/S}$ de Z construite dans [15], est une classe de Chow pour $|Z|$.

Notons tout d'abord que le résultat promis dans [15] et permettant de montrer que l'on a $d'c_{Z/S} = 0$ n'est autre que le lemme (2.2.5).

Pour montrer la proposition (7.1.1), il nous faut préciser ce qu'est la "trace" au niveau des différentielles, qui est construite de façon très abstraite dans [15].

7.1.2. TRACES DE DIFFERENTIELLES

Soit R_o un anneau, et soit R une R_o-algèbre. On notera d la différentielle d_{R/R_o}, et si $A = (a_{ij})$ est une matrice à coefficients dans R, on notera dA la matrice (da_{ij}), et $dA\,dB$ la matrice dont l'élément de la $i^{\text{ème}}$ ligne et la $j^{\text{ème}}$ colonne est $\sum_k da_{ik} \wedge db_{kj}$.

Si f est un endomorphisme d'un R-module libre M, si $(e_1,\dots,e_k)$ est une base de M, et si A est la matrice de f dans la base $(e_1,\dots e_k)$, l'endomorphisme de $M \otimes \Omega^{\bullet}_{R/R_o}$ de matrice dA dans la base $(e_1,\dots e_k)$ dépend de la base $(e_1,\dots e_k)$ choisie. Néanmoins, on a le

7.1.2.1. LEMME. Soit M un R-module libre et soit $(e_1,\dots e_k)$ une base de M. Soient $f, g_1,\dots,g_r$ des endomorphismes de M qui commutent deux à deux, et soient $A, B_1,\dots,B_r$ leurs matrices dans la base $(e_1,\dots,e_k)$. Notons $U_n(a_1,\dots,a_n) = \sum_{\sigma \in \mathfrak{S}_n} \varepsilon(\sigma) a_{\sigma_1} \dots a_{\sigma_n}$. Alors la trace de la matrice $AU_r(dB_1,\dots,dB_r)$ est indépendante de la base choisie $(e_1,\dots,e_k)$.

Soit $(e'_1,\ldots,e'_k)$ une autre base de M, et soient $A',B'_1,\ldots B'_r$ les matrices de $f,g_1,\ldots,g_r$ dans cette base. Soit P la matrice de passage de sorte que l'on a : $A' = P^{-1} A P,\ldots,B'_r = P^{-1} B_r P$.

Posons $Q = P\, d(P^{-1})$. On a alors : $0 = dI = d(PP^{-1}) = (dP)P^{-1} + Q$, d'où $Q = -dP.P^{-1}$.

Si X et Y sont deux matrices à coefficients dans Ω^i_{R/R_o} et Ω^j_{R/R_o}, on pose $[X,Y] = XY - (-1)^{ij}\, YX$. Rappelons que l'on a : $Tr([X,Y]) = 0$.

On peut écrire

$$dB'_i = d(P^{-1} B_i\, P) = P^{-1}(P\, d\, P^{-1} B_i + dB_i + P^{-1} B\, d\, P\, P^{-1})P$$

soit $dB'_i = P^{-1}(dB_i + [Q,B_i])P$.

Notons de plus que, si R est une matrice quelconque, on a :

$[R,B_j]dB_i - [R,B_i]dB_j = RB_j dB_i - B_j RdB_i - RB_i dB_j + B_i RdB_j$

$= [RdB_i,B_j] - [RdB_j,B_i] + R[B_j,dB_i] - R[B_i,dB_j]$

$= [RdB_i,B_j] - [RdB_j,B_i] + Rd[B_j,B_i] = [RdB_i,B_j] - [RdB_j,B_i]$

puisque g_i et g_j commutent.

On a de même

$[R,B_j][Q,B_i] - [R,B_i][Q,B_j]$

$= RB_jQB_i - B_jRQB_i - RB_jB_iQ + B_jRB_iQ - RB_iQB_j + B_iRQB_j + RB_iB_jQ - B_iRB_jQ$

$= R[B_i,B_j]Q + [RB_jQ,B_i] - [RB_iQ,B_j] - [B_jRQ,B_i] + [B_iRQ,B_j] + [B_i,B_j]RQ$

$= [[R,B_j]Q,B_i] - [[R,B_i]Q,B_j]$

puisque $[B_i,B_j] = 0$

et encore

$dB_i[R,B_j] - dB_j[R,B_i] = [dB_iR,B_j] - [dB_jR,B_i]$.

Montrons par récurrence sur r qu'il existe des matrices R^r_i $(i \leqslant r)$ (avec R^r_i ne dépendant que de $B_1,\ldots\hat{B}_i,\ldots B_r$, et Q), telles que l'on ait :

$$U_r(dB'_1,\ldots,dB'_r) = P^{-1}(U_r(dB_1,\ldots,dB_r) + \sum_{i=1}^{r} (-1)^{r-i}[R^r_i,B_i])P .$$

Pour $r=1$, il suffit de prendre $R_1^1 = Q$.

On a : $U_r(dB'_1,\dots,dB'_r) = \sum_{i=1}^{r} (-1)^{r-i}\, U_{r-1}(dB'_1,\dots,\widehat{dB'_i},\dots,dB'_r)dB'_i$

soit, par hypothèse de récurrence :

(en notant $\delta_{i<j} = \begin{cases} 1 & \text{si } i<j \\ 0 & \text{si } i \geqslant j \end{cases}$)

$$U_r(dB'_1,\dots,dB'_r) = \sum_{i=1}^{r} (-1)^{r-i}\, P^{-1}(U_{r-1}(dB_1,\dots,\widehat{dB_i},\dots,dB_r)$$

$$+ \sum_{\substack{j=1\\ j\neq i}}^{r} (-1)^{r-j+\delta_{j<i}} [R^{r-1}_{i,j},B_j])P.P^{-1}(dB_i + [Q,B_i])P$$

$$= P^{-1}(U_r(dB_1,\dots,dB_r) + \sum_{i=1}^{r} (-1)^{r-i}\, U_{r-1}(dB_1,\dots\widehat{dB_i},\dots dB_r)[Q,B_i]$$

$$+ \sum_{j=1}^{r} \sum_{i=j+1}^{r} (-1)^{i+j}([R^{r-1}_{i,j},B_i]dB_j - [R^{r-1}_{i,j},B_j]dB_i)$$

$$+ \sum_{j=1}^{r} \sum_{i=j+1}^{r} (-1)^{i+j}([R^{r-1}_{i,j},B_i][Q,B_j] - [R^{r-1}_{i,j},B_j][Q,B_i]))P$$

$$= P^{-1}(U_r(dB_1,\dots,dB_r) + \sum_{i=1}^{r} (-1)^{r-i}([U_{r-1}(dB_1,\dots,\widehat{dB_i},\dots dB_r)Q,B_i]$$

$$+ \sum_{\substack{j=1\\ j\neq i}}^{r} (-1)^{r-j+d_{i<j}}([R^{r-1}_{i,j}dB_j,B_i] - [[R^{r-1}_{i,j},B_j]Q,B_i])))P$$

ce qui est bien de la forme annoncée, si l'on pose

$$R_i^r = U_{r-1}(dB_1,\dots,\widehat{dB_i},\dots dB_r)Q + \sum_{\substack{j=1\\ j\neq i}}^{r} (-1)^{r-j+\delta_{i<j}}(R^{r-1}_{i,j}dB_j - [R^{r-1}_{i,j},B_j]Q).$$

On a donc :

$$A'U_r(dB'_1,\dots,dB'_r) = P^{-1}(AU_r(dB_1,\dots,dB_r) + \sum_{i=1}^{r} (-1)^{r-i}[AR_i^r,B_i])P$$

(car $A[R_i^r,B_i] = [AR_i^r,B_i]$ puisque $[A,B_i]=0$).

On en déduit

$$\mathrm{Tr}(A'U_r(dB'_1,\dots,dB'_r)) = \mathrm{Tr}(AU_r(dB_1,\dots,dB_r)) ,$$

ce qui prouve le lemme.

7.1.2.2. Soient R' une R-algèbre commutative finie, M un R'-module libre sur R , et soient $x,y_1,\dots y_r$ des éléments de R'. On note $f,g_1,\dots g_r$ les endomorphismes de M "multiplication par $x,y_1,\dots,y_r$". Soit $(e_1,\dots,e_k)$ une base de M sur R et soient $A,B_1,\dots B_r$ les matrices de $f, g_1, \dots, g_r$ dans cette base. On pose :

$$\theta(x dy_1, \dots dy_r) = \frac{1}{r!} \operatorname{Tr}(AU_r(dB_1, \dots, dB_r)) .$$

D'après ce que nous venons de voir, $\theta(x dy_1\, dy_2 \dots dy_r)$ est indépendant de la base $(e_1, \dots, e_k)$. De plus, on a le

7.1.2.2. LEMME. θ <u>est "bien définie" sur</u> $\Omega^{\cdot}_{R'/R_o}$ <u>et détermine un morphisme de</u> $\Omega^{\cdot}_{R/R_o}$<u>-modules</u> $\Omega^{\cdot}_{R'/R_o} \to \Omega^{\cdot}_{R/R_o}$.

Soit $(e_1, \dots e_k)$ une base de M sur R fixée. R' est isomorphe à une algèbre quotient d'une algèbre de polynômes, soit $R' \simeq R[t_1, \dots t_m]/(w_i(t_1, \dots t_m))$. $\Omega^{\cdot}_{R'/R_o}$ est alors isomorphe à l'algèbre $\Omega^{\cdot}_{R/R_o} \otimes R[t_1, \dots, t_m, dt_1, \dots dt_m]/(w_i, dw_i, t_i dt_j - dt_j t_i, dt_i dt_j + dt_j dt_i, t_i t_j - t_j t_i)$.

Or, si $A_1, \dots, A_n$ sont les matrices de $t_1, \dots t_n$, dans la base $(e_1, \dots e_k)$, on a bien : $w_i(A_1, \dots, A_m) = 0$

$$dw_i(A_1, \dots, A_m) = 0$$

$$U_2(dA_i, dA_j) + U_2(dA_j, dA_i) = 0$$

$$A_i A_j - A_j A_i = 0 .$$

Ceci prouve que, pour vérifier que si l'on a des éléments $x^i\, y^i_1, \dots y^i_r$ de matrices A^i et $B^i_1, \dots, B^i_r$ dans la base $(e_1, \dots e_k)$ tels que $\sum_i x^i\, dy^i_1 \dots dy^i_r = 0$, alors on a $\operatorname{Tr}(\sum_i A^i\, U_r(dB^i_1, \dots, dB^i_r)) = 0$, il suffit de montrer que pour tous $x, y_o, y_1, \dots y_n$, de matrices $A, B_o, \dots B_n$ dans la base $(e_1, \dots e_k)$, on a :

$$\operatorname{Tr}(d(y_o y_1).x\, dy_2 \dots dy_n) = \operatorname{Tr}(x\, y_o\, dy_1\, dy_2 \dots dy_n) + \operatorname{Tr}(x\, y_1\, dy_o\, dy_2 \dots dy_n)$$

soit

$$\operatorname{Tr}(A\, U_n(d(B_o B_1), dB_2, \dots, dB_n)) = \operatorname{Tr}(AB_o U_n(dB_1, \dots dB_n))$$
$$+ \operatorname{Tr}(AB_1 U_n(dB_o, dB_2, \dots dB_n)) .$$

Posons $H(B_o, \dots, B_n) = U_n(d(B_o B_1), dB_2, \dots dB_n) - B_o U_n(dB_1, \dots dB_n) - B_1 U_n(dB_o, dB_2, \dots dB_n)$.

Admettons qu'il existe des matrices R_j $(j = 1$ à $n)$ telles que l'on ait

$$(*) \qquad H(B_o,\dots B_n) = \sum_{j=1}^{n} [B_j, R_j] .$$

On aura alors

$$AH(B_o,\dots B_n) = \sum_{j=1}^{n} A[B_j,R_j] = \sum_{j=1}^{n} [B_j, AR_j]$$

car $AB_j = B_j A$, et donc $Tr(AH(B_o,\dots B_n)) = 0$, ce qui est la relation cherchée.

Ceci prouve que la trace θ est bien définie sur $\Omega^{\cdot}_{R'/R_o}$. Il est clair que θ est additive, et, puisque la matrice de multiplication par un élément de R est un multiple de la matrice identique, il est clair également que θ est un morphisme de $\Omega^{\cdot}_{R/R_o}$-modules, de $\Omega^{\cdot}_{R'/R_o}$ dans $\Omega^{\cdot}_{R/R_o}$.

Il nous reste à montrer la formule (*).

Elle résulte du

7.1.2.3. LEMME. <u>On a la relation</u> :

$$H(B_o,\dots B_n) = -[B_1, U_n(dB_o, dB_2,\dots dB_n)]$$
$$+ \sum_{j=2}^{n} (-1)^j \Big[B_j, \sum_{\substack{\sigma\in\mathfrak{S}_n \\ \sigma(0)<\sigma(1)}} \varepsilon(\sigma) dB_{\sigma(0)}\dots dB_{\sigma(n)}\Big]$$

<u>où dans la dernière somme le groupe</u> $\mathfrak{S}_n$ <u>opère sur</u> $\{0,1,\dots\hat{j}\dots n\}$.

Montrons d'abord la relation :

$$(7.1.2.4) \qquad \sum_{i=0}^{r} (-1)^i [B_i, U_r(dB_o,\dots,\widehat{dB_i},\dots dB_r)] = 0$$

par récurrence sur r .

Pour $r = 1$, cela donne

$$[B_o, dB_1] - [B_1, dB_o] = [dB_o, B_1] + [B_o, dB_1] = d[B_o, B_1] = 0 .$$

Si la relation est vraie jusqu'au terme en $r-1$, on a

$$\sum_{i=0}^{r} (-1)^i [B_i, U_r(dB_o,\dots\widehat{dB_i},\dots dB_r)] =$$
$$= \sum_{i=0}^{r} (-1)^i \sum_{j=i} (-1)^{n-j-\delta_{i<j}} [B_i, U_{r-1}(dB_o,\dots\widehat{dB_i},\dots\widehat{dB_j},\dots dB_r) dB_j]$$

(où $\delta_{i<j} = 1$ si $i<j$ et 0 si $i>j$)

$$= (-1)^n \sum_{i<j} (-1)^{i+j}[B_i, U_{r-1}(dB_o,\dots\widehat{dB_i},\dots,\widehat{dB_j},\dots dB_r)dB_j]$$
$$- [B_j, U_{r-1}(dB_o,\dots\widehat{dB_i},\dots\widehat{dB_j},\dots dB_r)dB_i]$$
$$= (-1)^n \sum_{i<j} (-1)^{i+j}[B_i, U_{r-1}(dB_o,\dots\widehat{dB_i},\dots,\widehat{dB_j},\dots dB_r)]dB_j$$
$$- [B_j, U_{r-1}(dB_o,\dots\widehat{dB_i},\dots\widehat{dB_j},\dots dB_r)]dB_i = 0$$

(l'avant dernière égalité résultant de la relation $[B_i,dB_j]-[B_j,dB_i]=0$ déduite du cas $r=1$, et la dernière égalité résultant de l'hypothèse de récurrence).

Montrons maintenant la relation (7.1.2.3).

On a :

$$H(B_o,B_1,\dots B_n)+[B_1,U_n(dB_o,dB_2,\dots dB_n)]$$
$$= U_n(d(B_oB_1),dB_2,\dots dB_n) - B_oU_n(dB_1,\dots dB_n) - B_1U_n(dB_o,dB_2,\dots dB_n)$$
$$+ B_1U_n(dB_o,dB_2,\dots dB_n) - U_n(dB_o,dB_2,\dots dB_n)B_1$$
$$= U_n(B_odB_1,dB_2,\dots dB_n) - B_oU_n(dB_1,\dots dB_n) + U_n(dB_oB_1,dB_2,\dots dB_n)$$
$$- U_n(dB_o,dB_2,\dots dB_n)B_1$$
$$= \sum_{r=1}^{n} \sum_{\substack{I_1\cup I_2=\{2,\dots n\}\\ \# I_1=r-1\\ \# I_2=n-r}} (-1)^r[U_{r-1}(dB_{I_1}),B_o]dB_1\, U_{n-r}(dB_{I_2})$$
$$+ (-1)^rU_{r-1}(dB_{I_1})dB_o[B_1,U_{n-r}(dB_{I_2})]$$

(où si $I=\{i_1,\dots i_k\}$ $U_k(dB_I) = U_k(dB_{i_1},\dots dB_{i_k})$ $(i_1<\dots<i_k)$)

$$= \sum_{r=1}^{n} (-1)^r \sum_{\substack{I_1\cup I_2=\{2,\dots n\}\\ \# I_1=r-1\\ \# I_2=n-r}} \Big(\sum_{i_\ell\in I_1} (-1)^{\ell+r-1}$$
$$[U_{r-1}(dB_{i_1},\dots dB_{i_{\ell-1}},dB_o,\dots dB_{i_{r-1}}),B_{i_\ell}]dB_1\, U_{n-r}(dB_{I_2})$$
$$+ \sum_{i_\ell\in I_2} (-1)^{\ell-r+1}U_{r-1}(dB_{I_1})dB_o[B_{i_\ell},U_{n-r}(dB_{i_r},\dots dB_1,\dots dB_{i_{n-r}})]\Big)$$
$$= \sum_{j=2}^{n} (-1)^j[B_j, \sum_{\substack{\sigma\in\mathfrak{S}_n\\ \sigma(0)<\sigma(1)}} \varepsilon(\sigma)\, dB_{\sigma(0)}\cdots dB_{\sigma(n)}]$$

(les deux dernières égalités résultent de (7.1.2.4)).
Ceci termine la démonstration de (7.1.2.3), donc aussi celle de (7.1.2.2).

Il est aisé de passer du cas d'un module libre au cas d'un module plat, par passage à la limite. Nous avons donc construit une trace de différentielles. Il nous faut encore montrer que cette trace coïncide avec celle induite par la classe fondamentale construite dans [15].

C'est l'objet du prochain paragraphe.

7.1.3. INVARIANCE PAR DUALITÉ DES TRACES DE DIFFÉRENTIELLES

7.1.3. LEMME. Sous les hypothèses de (7.1.1), soient z un point de Z, et (U,B,f) une projection de Z autour de z. Soit θ la trace $f_*(\Omega^{\cdot}_{Z_{U/S}}) \to \Omega^{\cdot}_{B/S}$ construite au paragraphe (7.1.2) et soit φ la trace $f_*(\Omega^{\cdot}_{Z_{U/S}}) \to \Omega^{\cdot}_{B/S}$ induite par $c_{Z/S}$. Alors, on a : $\varphi = \theta$.

La démonstration se fera en plusieurs points :

7.1.3.1. RÉDUCTIONS

Tout d'abord, on peut supposer que S est le spectre d'un anneau artinien R : en effet, si pour chaque quotient artinien S_o de S, les traces φ_{S_o} et θ_{S_o} coïncident, alors, on aura bien $\varphi = \theta$. De plus, il suffit de montrer que pour tout $\omega \in f_*(\Omega^{\cdot}_{Z_{U/S}})$, l'égalité $\varphi(\omega) = \theta(\omega)$ est vraie génériquement sur B. On peut donc se placer sur l'ouvert de B au-dessus duquel Z_{red} est non ramifié, et donc supposer Z_{red} lisse sur B. De plus, il suffit de montrer que l'on a $\varphi(\omega) = \theta(\omega)$ en tout point de B, de sorte que l'on peut se placer dans le complété d'un point fermé b de B et donc, quitte à remplacer R par $R \otimes k(b)$, supposer que l'on a un isomorphisme $B \simeq \mathrm{Spec}(R[[t_1,\ldots,t_n]])$ (EGA 0_{IV} 19.6.4). D'autre part, Z_{red} est alors réunion de k points $z_1,\ldots z_k$. θ et φ sont alors sommes de traces à support aux points z_i, de sorte que l'on peut se placer dans le complété de l'anneau local d'un des points z_i, et donc supposer : $X = \mathrm{Spec}(R[[t_1,\ldots t_{n+p}]])$. Par ailleurs Z_U étant plat sur S, le morphisme $Z_U \times_S B \xrightarrow{p_2} B$ est encore plat, et puisque le morphisme $Z_U \to Z_U \times_S B$ est une section d'un morphisme lisse, on déduit que le morphisme $Z_U \to B$ est de Tor-dimension finie. La construction de la trace pour un morphisme de Tor-dimension finie ([15] prop. II.1) nous permet de nous ramener au cas où l'on a un $\mathcal{O}_Z$-module M qui est un $\mathcal{O}_B$-module libre, de base $(e_1,\dots e_k)$ et où les traces θ et φ sont calculées à partir de la multiplication sur M par les éléments de $\mathcal{O}_Z$ (cf. (7.1.2.1) pour θ et ([15] prop. II 1) pour φ).

Pour $i=1$ à n, posons :

$u_i^\varepsilon = t_i - \sum_{j=n+1}^{n+p} \varepsilon_j^i t_j$, où les ε_j^i sont égaux à 0 ou à 1, et où, à i fixé, au plus un ε_j^i est non nul.

Posons $B_\varepsilon = S[[u_1^\varepsilon,\dots,u_n^\varepsilon]]$, et soit f_ε la projection de U sur B_ε. Alors, quand ε varie, l'espace engendré par les $f_\varepsilon^*(\Omega^{\cdot}_{B_\varepsilon/S})$ est $\Omega^{\cdot}_{Z/S}$ tout entier. Nous pouvons encore supposer que pour tout ε, Z est fini sur B_ε, et que $(e_1,\dots,e_k)$ est une base de M sur $\mathcal{O}_{B_\varepsilon}$. Soit θ_ε la trace : $f_\varepsilon{}_*(\Omega^{\cdot}_{Z_U/S}) \to \Omega^{\cdot}_{B_\varepsilon/S}$ associée à B_ε par la construction de (7.1.2). Alors, d'après la définition de θ_ε, il est clair que l'on a : $\theta_\varepsilon = \varphi$ sur $f_\varepsilon{}_*(f_\varepsilon^*(\Omega^{\cdot}_{B_\varepsilon/S}))$. Si l'on montre que θ et θ_ε coïncident sur $f_\varepsilon{}_*(f_\varepsilon^*(\Omega^{\cdot}_{B_\varepsilon/S}))$ (i.e. correspondent au même morphisme $f_\varepsilon^*(\Omega^{\cdot}_{B_\varepsilon/S}) \to K_{Z_{U/S}}$), on en déduira que $\theta = \varphi$ sur tous les $f_\varepsilon{}_*(f_\varepsilon^*(\Omega^{\cdot}_{B_\varepsilon/S}))$, et puisque les $f_\varepsilon^*(\Omega^{\cdot}_{B_\varepsilon/S})$ engendrent $\Omega^{\cdot}_{Z_{U/S}}$, que $\theta = \varphi$ sur tout $f_*(\Omega^{\cdot}_{Z_{U/S}})$. On est donc ramené à montrer que θ et θ_ε coïncident sur $f_\varepsilon{}_*(f_\varepsilon^*(\Omega^{\cdot}_{B_\varepsilon/S}))$, et, en posant $m = \#\{i/1 \leqslant i \leqslant n$ et $\exists j,\ \varepsilon_j^i \neq 0\}$, quitte à réordonner $(t_1,\dots t_n)$ et $(t_{n+1},\dots t_{n+p})$, on peut supposer que l'on a $\varepsilon_{n+\ell}^\ell = 1$, pour $\ell = 1,\dots,m$ et $\varepsilon_j^i = 0$ si $i \geqslant m+1$, ou $i \leqslant m$ et $j-i \neq n$.

On s'est donc finalement ramené au problème suivant :

Soient $S = \operatorname{Spec} R$, $X = \operatorname{Spec} R[[t_1,\dots t_n,t_{n+1},\dots,t_{n+p}]]$

$u_1 = t_1 - t_{n+1}, u_2 = t_2 - t_{n+2},\dots,u_m = t_m - t_{n+m},\dots u_i = t_i$ si $i \geqslant m+1$

$B = \operatorname{Spec}(R[[t_1,\dots t_n]])$; $B' = \operatorname{Spec}(R[[u_1,\dots u_n]])$

Z est un sous-schéma fermé de X, fini sur B et sur B', M un $\mathcal{O}_Z$-module libre de rang k sur $\mathcal{O}_B$ et $\mathcal{O}_{B'}$, $(e_1,\dots e_k)$ une base de M sur $\mathcal{O}_B$ et sur $\mathcal{O}_{B'}$. On note f et f' les projections $Z \to B$ et $Z \to B'$ et θ et θ' les traces construites en (7.1.2)

$\theta : f_*(\Omega^{\cdot}_{Z/S}) \to \Omega^{\cdot}_{B/S}$ et $\theta' : f'_*(\Omega^{\cdot}_{Z/S}) \to \Omega^{\cdot}_{B'/S}$. Il s'agit de montrer que θ et θ' induisent le même morphisme : $f'^*(\Omega^n_{B'/S}) \to K^{\cdot}_{Z/S}$.

7.1.3.2. CHANGEMENT DE TABLES DE MULTIPLICATION

Pour $i = n+1,\dots,n+p$, notons ${}^iA$ (resp. ${}^iA'$) la matrice à coefficients dans $\mathcal{O}_B$ (resp. $\mathcal{O}_{B'}$) de multiplication par $t_i \in \mathcal{O}_Z$ (pour la base $(e_1,\dots e_k)$ de M).

Si ${}^iA = (a^i_{j,\ell})$, on a donc

et $t_i.e_\ell = \sum_{j=1}^{k} a^i_{j,\ell}\, e_j$.

Les $a^i_{j,\ell}$ sont des séries formelles nilpotentes en $t_1,\dots t_n$. Soit d un entier tel que pour tout i, on ait sur $\mathcal{O}_Z, t_i^d = 0$, et donc ${}^iA^d = 0$.

Notant $e.$ la base $(e_1,\dots,e_k)$, on écrira donc $t_i e. = {}^iA\, e.$. Nous poserons encore $(t_1,\dots t_m) = \bar{t}$, $(t_{n+1},\dots t_{n+m}) = \tilde{t}$ et $(u_1,\dots u_m) = \bar{u}$; on a donc $\bar{u} = \bar{t}-\tilde{t}$.

Si $\tilde{\ell} = (\ell_1,\dots,\ell_m)$, on posera encore $\tilde{t}^{\tilde{\ell}} = \prod_{i=1}^{m} t_{n+i}^{\ell_i}$,

$$\partial^{\tilde{\ell}}({}^iA) = \left(\frac{\partial^{\ell_1}}{(\partial t_1)^{\ell_1}}\,\frac{\partial^{\ell_2}}{(\partial t_2)^{\ell_2}}\cdots\frac{\partial^{\ell_m}}{(\partial t_m)^{\ell_m}}(a^i_{j\ell})\right)$$

$$\tilde{A}^{\tilde{\ell}} = \left(\prod_{i=1}^{m} {}^iA^{\ell_i}\right) \quad\text{et}\quad \tilde{\ell}! = \ell_1!\ell_2!\dots\ell_m! \,.$$

On peut donc écrire :

$$\tilde{t}^{\tilde{h}}\, e. = \tilde{A}^{\tilde{h}}\, e.$$

$\tilde{A}^{\tilde{h}}$ est une fonction de $t_1,\dots t_n$, et puisque $\bar{t} = \bar{u}+\tilde{t}$, $t_i = u_i$ pour $i > m$, on peut donc écrire

$$\tilde{A}^{\tilde{h}}(t_1,\dots t_n) = \sum_{\tilde{\ell}\geq 0} \frac{1}{\tilde{\ell}!}\,\partial^{\tilde{\ell}}\,(\tilde{A}^{\tilde{h}})(u_1,\dots u_n)\,\tilde{t}^{\tilde{\ell}}$$

d'où

$$\tilde{t}^{\tilde{h}}\, e. = \sum_{\tilde{\ell}\geq 0} \frac{1}{\tilde{\ell}!}\, \partial^{\tilde{\ell}}\, (\tilde{A}^{\tilde{h}})(u)\ \tilde{t}^{\tilde{\ell}}\, e.$$

Ordonnons par ordre lexicographique $\tilde{\ell}_1,\dots\tilde{\ell}_{d^m-1}$, les m-uplets $(\ell_1,\dots\ell_m) \neq (0,\dots 0)$ tels que pour $i=1$ à m, on ait $0 \leqslant \ell_i < d$.

Soit C la matrice carrée d'ordre $(d^m-1)(k)$ que l'on peut écrire par blocs (k,k)

$$C = \begin{pmatrix} \frac{\partial^{\tilde{\ell}_1}(\tilde{A}^{\tilde{\ell}_1})(u)}{\tilde{\ell}_1!} & \frac{\partial^{\tilde{\ell}_2}(\tilde{A}^{\tilde{\ell}_1})(u)}{\tilde{\ell}_2!} & \cdots\cdots & \frac{\partial^{\tilde{\ell}_{d^m-1}}(\tilde{A}^{\tilde{\ell}_1})(u)}{\tilde{\ell}_{d^m-1}} \\ \frac{\partial^{\tilde{\ell}_1}(\tilde{A}^{\tilde{\ell}_2})(u)}{\tilde{\ell}_1!} & \frac{\partial^{\tilde{\ell}_2}(\tilde{A}^{\tilde{\ell}_2})(u)}{\tilde{\ell}_2!} & \ddots & \vdots \\ \vdots & \vdots & & \\ \frac{\partial^{\tilde{\ell}_1}(\tilde{A}^{\tilde{\ell}_{d^m-1}})(u)}{\tilde{\ell}_1!} & \frac{\partial^{\tilde{\ell}_2}(\tilde{A}^{\tilde{\ell}_{d^m-1}})(u)}{\tilde{\ell}_2!} & \cdots & \frac{\partial^{\tilde{\ell}_{d^m-1}}(\tilde{A}^{\tilde{\ell}_{d^m-1}})(u)}{\tilde{\ell}_{d^m-1}!} \end{pmatrix}$$

On a donc :

$$(I-C)\begin{pmatrix} \tilde{t}^{\tilde{\ell}_1} e. \\ \vdots \\ \tilde{t}^{\tilde{\ell}_{d^m-1}} e. \end{pmatrix} = \begin{pmatrix} \tilde{A}^{\tilde{\ell}_1} \\ \tilde{A}^{\tilde{\ell}_2} \\ \vdots \\ \tilde{A}^{\tilde{\ell}_{d^m-1}} \end{pmatrix} e.$$

soit encore

$$\begin{pmatrix} \tilde{t}^{\tilde{\ell}_1}\ e. \\ \vdots \\ \tilde{t}^{\tilde{\ell}_{d^m-1}} e. \end{pmatrix} = (I+C+C^2+\dots)\begin{pmatrix} \tilde{A}^{\tilde{\ell}_1} \\ \vdots \\ \tilde{A}^{\tilde{\ell}_{d^m-1}} \end{pmatrix} e.$$

$$\tilde{t}^{\ell} e. = \sum_{\tilde{i}_1,\dots\tilde{i}_r (\neq \tilde{0})} \frac{1}{\tilde{i}_1!}\, \partial^{\tilde{i}_1}(\tilde{A}^{\ell}(u)).\frac{1}{\tilde{i}_2!}\, \partial^{\tilde{i}_2}(\tilde{A}^{\tilde{i}_1}(u))\dots\frac{1}{\tilde{i}_r!}\, \partial^{\tilde{i}_r}(\tilde{A}^{\tilde{i}_{r-1}})\tilde{A}^{\tilde{i}_r} e..$$

Or pour tous $\alpha_1,\dots\alpha_p \leqslant d$, si $t^{\alpha} = \prod_{i=1}^{p} (t_{n+i})^{\alpha_i}$ et $A^{\alpha} = \prod_{i=1}^{p} A_{n+i}^{\alpha_i}$,

on a : $t^{\alpha}e. = A^{\alpha}e.$

et, puisque l'on peut encore écrire :

$$A^{\alpha}(t_1,\dots t_n) = \sum_{\tilde{\ell}\geq 0} \frac{1}{\tilde{\ell}!}\, \partial^{\tilde{\ell}}\, (A^{\alpha})(u_1,\dots u_n)\tilde{t}^{\tilde{\ell}}$$

on déduit

$$t^{\alpha} e. = \sum_{\tilde{\ell} \geqslant 0} \frac{1}{\tilde{\ell}!} \partial^{\tilde{\ell}} (A^{\alpha}) \tilde{t}^{\tilde{\ell}} e.$$

soit, d'après le calcul précédent

$$t^{\alpha} e. = \sum_{\substack{\tilde{\ell} \geqslant 0 \\ \tilde{i}_1 \ldots \tilde{i}_r \neq 0}} \frac{1}{\tilde{\ell}!} \partial^{\tilde{\ell}} (A^{\alpha}) \frac{1}{\tilde{i}_1 !} \partial^{i_1} (\tilde{A}^{\tilde{\ell}}) \ldots \frac{1}{\tilde{i}_r !} \partial^{\tilde{i}_r} (\tilde{A}^{\tilde{i}_{r-1}}) \tilde{A}^{\tilde{i}_r} e.$$

Finalement, avec les notations précédentes, on a montré le :

7.1.3.2. LEMME. <u>On a la relation</u>

$$A'^{\alpha} = \sum_{r \geqslant 0} \sum_{\tilde{i}_1, \ldots \tilde{i}_r \neq 0} \frac{1}{\tilde{i}_1 !} \partial^{\tilde{i}_1} (A^{\alpha}) \frac{1}{\tilde{i}_2 !} \partial^{\tilde{i}_2} (\tilde{A}^{\tilde{i}_1}) \ldots \frac{1}{\tilde{i}_r !} \partial^{\tilde{i}_r} (\tilde{A}^{\tilde{i}_{r-1}}) \tilde{A}^{\tilde{i}_r}$$

7.1.3.3. RÉSIDUS

La trace $\theta : f_*(f'^*(\Omega^n_{B'/S})) \to \Omega^n_{B/S}$ induit un morphisme $f'^*(\Omega^n_{B'/S}) \to K_{Z/S}$ qui définit lui-même une trace $\bar{\theta} : f'_* f'^*(\Omega^n_{B'/S}) \to \Omega^n_{B'/S}$. Nous allons exprimer $\bar{\theta}$ en fonction de θ . Nous adoptons les notations suivantes :

$c = \begin{bmatrix} \omega \\ t^{q+1}_{n+1}, \ldots, t^{q+1}_{n+p} \end{bmatrix}$; $\omega \in \Omega^p_{X/S}$; $C_{i,j}$ est l'ensemble des applications croissantes de $\{1,\ldots i\}$ dans $\{1,\ldots,j\}$

$$\omega = \sum_{\tau \in C_{p,n+p}} a_{\tau}\, dt_{\tau} = \sum_{\tau \in C_{p,n+p}} a'_{\tau}\, dt_{\tau}$$

$$a_{\tau} = \sum_{\bar{h} \leqslant \bar{q}} \gamma^{\tau}_{\bar{q}-\bar{h}} t^{\bar{q}-\bar{h}} \qquad a'_{\tau} = \sum_{\bar{h} \leqslant \bar{q}} \gamma'^{\tau}_{\bar{q}-\bar{h}} u^{\bar{q}-\bar{h}}$$

$$\gamma^{\tau}_{\bar{q}-\bar{h}} = \sum_{\tilde{r}} \delta^{\tau,\bar{q}-\bar{h}}_{\tilde{r}} \tilde{t}^{\tilde{r}} \qquad \delta^{\tau,\bar{q}-\bar{h}}_{\tilde{r}} \in R[[t_{m+1},\ldots,t_n]]$$

$$\gamma'^{\tau}_{\bar{q}-\bar{h}} = \sum_{r} \delta'^{\tau,\bar{q}-\bar{h}}_{\tilde{r}} \tilde{u}^{\tilde{r}} \qquad \delta'^{\tau,\bar{q}-\bar{h}}_{\tilde{r}} \in R[[u_{m+1},\ldots,u_n]] .$$

On peut donc écrire

$$\gamma^{\tau}_{\bar{q}-\bar{h}} = \sum_{\tilde{r}_1,\tilde{r}_2} \delta^{\tau,\bar{q}-\bar{h}}_{\tilde{r}} (\tilde{u}+\tilde{t})^{\tilde{r}}$$

$$\gamma^{\tau}_{\bar{q}-\bar{h}} = \sum_{\tilde{r}_1,\tilde{r}_2} \binom{\tilde{r}_1+\tilde{r}_2}{\tilde{r}_1} \delta^{\tau,\bar{q}-\bar{h}}_{\tilde{r}_1+\tilde{r}_2} \tilde{u}^{\tilde{r}_1} \tilde{t}^{\tilde{r}_2}$$

soit :

$$a_\tau = \sum_{\bar h \leqslant \bar q} \sum_{\tilde r_1, \tilde r_2} \binom{\tilde r_1 + \tilde r_2}{\tilde r_1} \delta^{\tau, \bar q - \bar h}_{\tilde r_1 + \tilde r_2} \, \bar u^{\tilde r_1} \, \tilde t^{\tilde r_2} \, t.^{\bar q - \bar h}$$

d'où l'on tire :

$$\gamma'^{\tau}_{\bar q - \bar h} = \sum_{\tilde r_1 \tilde r_2} \binom{\tilde r_1 + \tilde r_2}{\tilde r_1} \delta^{\tau, \bar q - \bar h - \tilde r_2}_{\tilde r_1 + \tilde r_2} \, \bar u^{\tilde r_1}$$

$$\gamma'^{\tau}_{\bar q - \bar h} = \sum_{\tilde r_2} \frac{\partial^{\tilde r_2}}{\tilde r_2 !} \left(\sum_{\tilde r_1} \delta^{\tau, \bar q - \bar h - \tilde r_2}_{\tilde r_1 + \tilde r_2} \, \bar u^{\tilde r_1 + \bar r_2} \right)$$

$$\gamma'^{\tau}_{\bar q - \bar h} = \sum_{\tilde r_2} \frac{\partial^{\tilde r_2}}{\tilde r_2 !} \left(\gamma^{\tau}_{\bar q - \bar h - \tilde r_2} \right) .$$

Dès lors, si $\sigma \in C_{n,n+p}$, des formules :

$$\theta(t.^{\bar h} \, dt_\sigma) = \varepsilon(\sigma) \, \gamma^{c_\sigma}_{\bar q - \bar h} \, dt_1 \ldots dt_n$$

et

$$\bar\theta(u.^{\bar h} \, dt_\sigma) = \varepsilon(\sigma) \, \gamma'^{c_\sigma}_{\bar q - \bar h} \, du_1 \ldots du_n ,$$

on tire :

$$\bar\theta(t.^{\bar h} \, dt_\sigma) = \sum_{\tilde\ell \geqslant 0} \frac{1}{\tilde\ell} \frac{\partial^{\tilde\ell}}{\partial \tilde u^{\tilde\ell}} (\theta(\tilde\tau^{\tilde\ell} \, t.^{\bar h} \, dt_\sigma)(u)).$$

(Ici la notation $\omega(u)$ signifie que si on peut écrire $\omega = a(t_1 \ldots t_n) dt_1 \ldots dt_n$, $\omega(u)$ est égal à $\omega(u) = a(u_1 \ldots u_n) \, du_1 \ldots du_n$).

On a donc montré le

7.1.3.3. LEMME. Avec les notations précédentes, pour toute différentielle $\omega \in \Omega^n_{Z/S}$, on a :

$$\bar\theta(\omega) = \sum_{\tilde\ell \geqslant 0} \frac{1}{\tilde\ell !} \frac{\partial^{\tilde\ell}}{(\partial \tilde u)^{\tilde\ell}} (\theta(\tilde t^{\tilde\ell} \omega))(u) .$$

7.1.3.4. INVARIANCE

Avec les notations précédentes, nous voulons montrer que l'on a $\bar\theta = \theta'$ sur $f'_*(f'^*(\Omega^n_{B'/S}))$. Puisque les $t.^\alpha = \prod_{i=1}^{p} (t_{n+i})^{\alpha_i}$, $\alpha_i \leqslant d$, engendrent $\mathcal{O}_Z$ sur $\mathcal{O}_{B'}$, il nous suffit de montrer que pour tout α, on a

$$\bar\theta(t.^\alpha du_1 \ldots du_n) = \theta'(t.^\alpha du_1 \wedge \ldots du_n)$$

ce qui, en notant $A^\alpha = \prod^{n+i} A^{\alpha_i}$ et A'^α les matrices de multiplication par t^α et u^α, se réécrit d'après le lemme (7.1.3.3) et les définitions de θ et θ' :

$$\sum_{\tilde{\ell}\geq 0} \frac{1}{\tilde{\ell}!} \partial^{\tilde{\ell}} \operatorname{Tr}(\tilde{A}^{\tilde{\ell}} A^\alpha U_n(d({}^1A-{}^{n+1}A), d({}^2A-{}^{n+2}A), \ldots d({}^mA-{}^{n+m}A), d^{m+1}A, \ldots, d^nA))\frac{1}{n!}$$

$$= \operatorname{Tr}(A'^\alpha) du_1\wedge\ldots\wedge du_n \qquad (7.1.3.4.1).$$

Si l'on note $\tilde{1} = (1,1,\ldots 1)$, $\tilde{0} = (0,\ldots 0)$, et pour tout $\tilde{h} = (h_1,\ldots h_m)$, $|\tilde{h}| = h_1+h_2+\ldots+h_m$, cela se réécrit :

$$\sum_{\tilde{\ell}\geq 0} \sum_{0\leq\tilde{h}\leq\tilde{1}} \frac{(-1)^{|\tilde{h}|}}{\tilde{\ell}!} \partial^{\tilde{\ell}} \operatorname{Tr}(\tilde{A}^{\tilde{\ell}} A^\alpha \frac{1}{m!} U_m(\partial^{\tilde{h}}(\tilde{A}^{\tilde{h}}))) = \operatorname{Tr}(A'^\alpha) \qquad (7.1.3.4.2).$$

(Ici, $U_m(\partial^{\tilde{h}} \tilde{A}^{\tilde{h}})$ est $U_m(\partial^{h_1}\,{}^{n+1}A^{h_1}, \partial^{h_2}\,{}^{n+2}A^{h_2}, \ldots, \partial^{h_m}\,{}^{n+m}A^{h_m})$.

En vertu du lemme (7.1.3.2), si l'on note $\sim$ la relation "être conjugué à", il nous suffit donc de montrer :

$$(7.1.3.4.3) \quad \sum_{\tilde{\ell}\geq 0} \frac{1}{\tilde{\ell}!} \partial^{\tilde{\ell}} (\tilde{A}^{\tilde{\ell}} A^\alpha \sum_{\tilde{0}\leq\tilde{h}\leq 1} (-1)^{|\tilde{h}|} \frac{1}{m!} U_m(\partial^{\tilde{h}}(\tilde{A}^{\tilde{h}})))\sim$$

$$\sum_{r\geq 0} \sum_{\tilde{i}_1,\ldots,\tilde{i}_r\neq\tilde{0}} \frac{1}{\tilde{i}_1!} \partial^{\tilde{i}_1}(A^\alpha) \frac{1}{\tilde{i}_2!} \partial^{\tilde{i}_2}(\tilde{A}^{\tilde{i}_1})\ldots\frac{1}{\tilde{i}_r!} \partial^{\tilde{i}_r}(\tilde{A}^{\tilde{i}_{r-1}})\tilde{A}^{\tilde{i}_r}.$$

Or, si l'on pose : $B = \sum_{\tilde{0}\leq\tilde{h}\leq 1} (-1)^{|\tilde{h}|} \frac{1}{m!} U_m(\partial^{\tilde{h}}(\tilde{A}^{\tilde{h}}))$, on a :

$$\sum_{\tilde{\ell}\geq 0} \frac{1}{\tilde{\ell}!} \partial^{\tilde{\ell}} (A^\alpha \tilde{A}^{\tilde{\ell}} B)$$

$$= \sum_{\tilde{i}_1,\tilde{j}_1} \frac{1}{\tilde{i}_1!} \partial^{\tilde{i}_1} (A^\alpha) \frac{1}{\tilde{j}_1!} \partial^{\tilde{j}_1}(\tilde{A}^{\tilde{i}_1+\tilde{j}_1}B)$$

$$= \sum_{\tilde{i}_1,\tilde{i}_2,\tilde{j}_2} \frac{1}{\tilde{i}_1!} \partial^{\tilde{i}_1} (A^\alpha) \frac{1}{\tilde{i}_2!} \partial^{\tilde{i}_2} (\tilde{A}^{\tilde{i}_1}) \frac{1}{\tilde{j}_2!} \partial^{\tilde{j}_2} (A^{\tilde{i}_2+\tilde{j}_2}B)$$

$$= \ldots\ldots.$$

$$= (\sum_{r\geq 0} \sum_{\tilde{i}_1,\ldots,\tilde{i}_r\neq\tilde{0}} \frac{1}{\tilde{i}_1!} \partial^{\tilde{i}_1} (A^\alpha) \frac{1}{\tilde{i}_2!} \partial^{\tilde{i}_2} (\tilde{A}^{\tilde{i}_1})\ldots\frac{1}{\tilde{i}_r!} \partial^{\tilde{i}_r} (A^{\tilde{i}_{r-1}})\tilde{A}^{\tilde{i}_r})$$

$$(\sum_{\tilde{j}\geq 0} \frac{1}{\tilde{j}!} \partial^{\tilde{j}} (A^{\tilde{j}} B))$$

de sorte, que pour montrer (7.1.3.4.3), il nous suffit de montrer que :

$\sum_{\tilde{j}\geq 0} \frac{1}{\tilde{j}!} \partial^{\tilde{j}}(\tilde{A}^{\tilde{j}}B) - I$ peut s'écrire comme une somme de commutateurs $[C,D]$

où C commute avec

$$\Big(\sum_{r\geq 0}\ \sum_{\tilde{i}_1+\dots\tilde{i}_r\neq\tilde{0}} \frac{1}{\tilde{i}_1!}\,\partial^{\tilde{i}_1}(A^{\alpha})\frac{1}{\tilde{i}_1!}\,\partial^{i_2}(\tilde{A}^{\tilde{i}_1})\dots\frac{1}{\tilde{i}_1!}\,\partial^{\tilde{i}_r}(A^{\tilde{i}_{r-1}})\tilde{A}^{\tilde{i}_r}\Big)\ .$$

Puisque les matrices A^{α} commutent deux à deux, en remplaçant B par sa valeur, on en déduit qu'il nous suffit donc de montrer que l'on a la relation :

$$(7.1.3.4.4)\quad \sum_{\tilde{\ell}\geq 0}\frac{1}{\tilde{\ell}!}\,\partial^{\tilde{\ell}}\Big(\sum_{\tilde{0}\leq\tilde{h}\leq\tilde{1}}(-1)^{|\tilde{h}|}\sum_{\substack{\tilde{j}_1+\dots+\tilde{j}_m=\tilde{h}\\ |\tilde{j}_i|\leq 1}}\varepsilon(j)$$
$$\Big(\frac{1}{\ell_1+h_1}\,\partial^{\tilde{j}_1}({}^{n+1}A^{\ell_1+h_1})\Big)\dots\Big(\frac{1}{\ell_m+h_m}\,\partial^{\tilde{j}_m}({}^{n+m}A^{\ell_m+h_m})\Big)\Big)\Big) = I$$

(où $\varepsilon(j)$ est égal à $\varepsilon(\sigma)$, $\sigma\in I_{|\tilde{h}|,m}$, $\sigma(i)$ étant la place du $i^{\text{ème}}$ élément égal à 1 dans les $\tilde{j}$).

Le premier membre de (7.1.3.4.4) se réécrit :

$$\sum_{\tilde{\ell}_1,\dots\tilde{\ell}_m}\frac{1}{\tilde{\ell}_1!\tilde{\ell}_2!\dots\tilde{\ell}_m!}\sum_{\substack{\tilde{j}_1,\dots\tilde{j}_m\\ (\tilde{j}_1\leq 1)\\ \Sigma\tilde{j}_i\leq\tilde{1})}}(-1)^{|\Sigma\tilde{j}_i|}\,\varepsilon(j)$$
$$\Big(\frac{1}{\sum_{i=1}^{m}(\ell_i^1+j_i^1)}\,\partial^{\tilde{\ell}_1+\tilde{j}_1}\big({}^{n+1}A^{\sum_{i=1}^{m}\ell_i^1+j_i^1}\big)\Big)\dots\Big(\frac{1}{\sum_{i=1}^{m}(\ell_i^m+j_i^m)}\,\partial^{\tilde{\ell}_m+\tilde{j}_m}\big({}^{n+m}A^{\sum_{i=1}^{m}\ell_i^m+j_i^m}\big)\Big)$$

(on a noté $\tilde{\ell}_i=(\ell_i^1,\ell_i^2,\dots\ell_i^m))$.

Posons $E_1^1=\{(\tilde{\ell}_1,\dots,\tilde{\ell}_m)/\ell_1^1>0\}$

$E_2^1=\{(\tilde{\ell}_1,\dots,\tilde{\ell}_m)/\ell_2^2>0\}$

$\vdots$

$E_m^1=\{(\tilde{\ell}_1,\dots,\tilde{\ell}_m)/\ell_m^m>0\}$

$E_{i,j}^2=\{(\tilde{\ell}_1,\dots,\tilde{\ell}_m/\ell_j^i>0,\ell_i^j>0\}$

$\vdots$

$E_{i_1,\dots,i_h}^h=\{(\tilde{\ell}_1,\dots,\tilde{\ell}_m)/\ell_{i_1}^{i_2}>0,\ell_{i_2}^{i_3}>0,\dots,\ell_{i_{h-1}}^{i_h}>0,\ell_{i_h}^{i_1}>0\}$.

Notons d'abord que si $\tilde{\ell}\notin\bigcup_{(i_1,\dots i_h)}E_{i_1,\dots,i_h}^h$, on a :

$\partial^{\tilde{\ell}_1}({}^{n+1}A^{\Sigma \ell_i^1}) \ldots \partial^{\tilde{\ell}_m}({}^{n+m}A^{\sum_{i=1}^{m} \ell_i^m}) = 0$ (sauf si tous les $\tilde{\ell}_i$ sont égaux à $\tilde{0}$)

On peut donc écrire :

$$\sum_{\tilde{\ell}_1,\ldots\tilde{\ell}_m \neq (\tilde{0},\ldots,\tilde{0})} \partial^{\tilde{\ell}_1}({}^{n+1}A^{\Sigma \ell_i^1}) \ldots \partial^{\tilde{\ell}_m}({}^{n+m}A^{\Sigma \ell_i^m}) . \frac{1}{\tilde{\ell}_1! \ldots \tilde{\ell}_m!}$$

$$= \sum_{\tilde{\ell}_1,\ldots,\tilde{\ell}_m \in \bigcup_{i_1,\ldots i_h} E^h_{i_1,\ldots,i_h}} \left(\prod_{j=1}^{m} \frac{\partial^{\tilde{\ell}_j}({}^{n+j}A^{\Sigma \ell_i^j})}{\tilde{\ell}_j!}\right)$$

$$= \sum_{i_1,\ldots,i_h} \sum_{\tilde{\ell}_1,\ldots,\tilde{\ell}_m \in E^h_{i_1,\ldots i_h}} \left(\prod_{j=1} \frac{\partial^{\tilde{\ell}_j}({}^{n+1}A^{\Sigma \ell_i^j})}{\tilde{\ell}_j!}\right)$$

$$- \sum_{\substack{i_1^1,\ldots,i_{h_1}^1 \\ i_1^2,\ldots,i_{h_2}^2}} \sum_{\tilde{\ell}_1,\ldots\tilde{\ell}_m \in E^{h_1}_{i_1^1,\ldots,i_{h_1}^1} \cap E^{h_2}_{i_1^2,\ldots,i_{h_2}^2}} \left(\prod_{j=1}^{m} \frac{\partial^{\tilde{\ell}_j}({}^{n+j}A^{\Sigma \ell_i^j})}{\tilde{\ell}_j!}\right)$$

$+ \ldots\ldots$

$$+ (-1)^{k-1} \sum_{\substack{i_1^1,\ldots,i_{h_1}^1 \\ i_1^2,\ldots,i_{h_2}^2 \\ i_1^k,\ldots,i_{h_k}^k \\ (i_{\ell_2}^{\ell_1} \neq i_{\ell_4}^{\ell_3})}} \sum_{\tilde{\ell}_1,\ldots,\tilde{\ell}_m \in E^{h_1}_{i_1^1,\ldots,i_{h_1}^1} \cap\ldots\cap E^{h_k}_{i_1^k,\ldots,i_{h_k}^k}} \left(\prod_{j=1}^{m} \frac{\partial^{\tilde{\ell}_j}({}^{n+j}A^{\Sigma \ell_i^j})}{\tilde{\ell}_j!}\right) .$$

Or si l'on note $j^{i_2^r}_{i_1^r} = j^{i_3^r}_{i_2^r} = \ldots = j^{i_1^r}_{i_{h_r}^r} = 1$, les autres $j_i^{i'}$ étant égaux à 0 , on a :

$$(-1)^k \sum_{\tilde{\ell}_1,\tilde{\ell}_m \in E^{h_1}_{i_1^1,\ldots i_{h_1}^1} \cap\ldots\cap E^{h_k}_{i_1^k,\ldots,i_{h_k}^k}} \left(\prod_{r=1}^{m} \frac{\partial^{\tilde{\ell}_r}({}^{n+r}A^{\Sigma \ell_i^r})}{\tilde{\ell}_r!}\right)$$

$$= \sum_{\tilde{\ell}_1,\ldots\tilde{\ell}_m \geq \tilde{0}} \varepsilon(j)(-1)^{|\Sigma \tilde{j}_i|} \left(\prod_{r=1}^{m} \frac{1}{(\tilde{\ell}_r+\tilde{j}_r)!} \partial^{\tilde{\ell}_r+\tilde{j}_r}\left(-+r_A \sum_{i=1}^{m} \ell_i^r+j_i^r\right)\right) .$$

On peut donc écrire :

$$\sum_{(\tilde{\ell}_1,\ldots\tilde{\ell}_m)\neq(\tilde{0},\ldots\tilde{0})} \left(\prod_{r=1}^{m} \frac{\partial^{\tilde{\ell}_r}\left(n+r_A \Sigma \ell_i^r\right)}{\tilde{\ell}_r!}\right)$$

$$= \sum_{\tilde{\ell}_1,\ldots\tilde{\ell}_m \geq 0} \frac{1}{\tilde{\ell}_1!\ldots\tilde{\ell}_m!} \sum_{\substack{\tilde{j}_1,\ldots\tilde{j}_m \\ |\tilde{j}_i|\leq 1 \\ \Sigma\tilde{j}_i \leq \tilde{1} \\ (\tilde{j}_1,\ldots\tilde{j}_m)\neq(\tilde{0},\ldots\tilde{0})}} (-1)^{|\Sigma\tilde{j}_i|-1}$$

$$\varepsilon(j) \prod_{r=1}^{m} \left(\frac{1}{\sum_{i=1}^{m} (\ell_i^r+j_i^r)} \partial^{\tilde{\ell}_r+\tilde{j}_r}\left(n+r_A \sum_{i=1}^{m} \ell_i^r+j_i^r\right)\right) .$$

En faisant passer le terme ci-dessus dans le premier membre et en ajoutant I aux deux membres, on obtient donc bien (7.1.3.4.4).

D'après ce qui précède, cela termine la démonstration de l'invariance (7.1.3.4) donc du lemme (7.1.3), en vertu de (7.1.3.1).

La trace au niveau des différentielles induite par $c_{Z/S}$ étant bien celle construite au (7.1.2), nous sommes maintenant en mesure d'aborder la :

7.1.4. DÉMONSTRATION DE (7.1.1)

Puisque l'on sait que $d'c_{Z/S} = 0$, il nous suffit donc de montrer que l'on a ,une projection (U,B,f) de Z quelconque étant fixée, et θ étant la trace associée :

$$\begin{cases} \theta(1) = k \in \mathbb{N} \\ \forall \omega_1,\ldots\omega_{k+1},x_1,\ldots x_h \quad ; \quad \theta_{R_0^{h,k}}(\omega_1,\ldots\omega_{k+1};x_1,\ldots x_h) = 0 . \end{cases}$$

La matrice associée à 1 étant l'identité, on a bien $\theta(1) = k \in \mathbb{N}$. Il suffit de vérifier que la seconde condition est vraie génériquement ; on peut donc supposer $\mathcal{O}_Z$ libre sur $\mathcal{O}_B$ et en fixer une base $(e_1,\ldots e_k)$.

Notons $\omega_j = \Sigma\, z_i\, dt_{i_1} \wedge \ldots \wedge dt_{i_r}$, Z_i , T_i , X_i les matrices de multiplication par z_i , t_i , x_i , et Ω_j la matrice :

$$\Omega_j = \Sigma\, Z_i \frac{1}{r!} U_r(dT_{i_1},\ldots,dT_{i_r}) .$$

Alors, avec les notations de (1.6.2.2), Q^k_θ est l'application multilinéaire "symétrique" associée au polynôme caractéristique. En vertu du théorème de Corylly Hamilton, on a donc :

$$Q^k_\theta(\Omega_1,\ldots\Omega_k) = 0 .$$

D'après le lemme (1.6.2.4), on déduit donc :

$P^{k+1}_\theta(\Omega_1,\ldots,\Omega_{k+1}) = 0$, donc d'après la définition de θ (7.1.2.2)

$$P^{k+1}_\theta(\omega_1,\ldots,\omega_{k+1}) = 0 .$$

Puisque, si δ_j est la $j^{\text{ème}}$ contraction (3.2.4.1), on a :

$\theta\,\delta_j = \delta_j\,\theta$, et

$$\delta_j X_j\Big(\frac{1}{r!}\sum_{\sigma\in\mathfrak{S}_r} \varepsilon_{d_1,\ldots d_r}(\sigma)\Omega_{\sigma(1)},\Omega_{\sigma(2)},\ldots\Omega_{\sigma(r)}\Big)$$

$$= \sum_{\sigma\in\mathfrak{S}_r} \frac{1}{r!}\,\varepsilon_{d_1,\ldots d_r}(\sigma) \sum_{i=1}^{r} (-1)^{d_{\sigma(1)}+\ldots+d_{\sigma(i-1)}}\Omega_{\sigma(1)},\ldots\delta_j(X_j\Omega_{\sigma(i)})\ldots\Omega_{\sigma(r)}$$

en considérant de même l'application multilinéaire "symétrique" associée au polynôme caractéristique de $\delta_j X_j \Omega$, on obtient

$$\delta_j X_j(Q^k_\theta(\Omega_1,\ldots\Omega_k)) = 0$$

d'où l'on tire encore

$$\delta_j X_j(P^{k+1}_\theta(\Omega_1,\ldots,\Omega_k)) = \delta_j X_j \theta(Q^k_\theta(\Omega_1,\ldots\Omega_k))\Omega_{k+1})$$
$$+ \theta(\delta_j X_j(Q^k_\theta(\Omega_1,\ldots\Omega_k)).\Omega_{k+1}) = 0 .$$

On procède de même pour $\delta_j\, X_j\, \delta_{j-1}\, X_{j-1}\ldots\delta_1 X_1$, et on obtient

$$\delta_j\, X_j\, \delta_{j-1}\, X_{j-1}\ldots\delta_1\, X_1(P^{k+1}_\theta(\Omega_1,\ldots\Omega_{k+1})) = 0$$

ce qui se réécrit

$$\theta_{R_o^{h,k}}(\omega_1,\ldots\omega_{k+1};x_1,\ldots,x_h;) = 0 .$$

Ceci prouve donc bien que $c_{Z/S}$ vérifie les hypothèses de (4.1.1) et est donc une classe de Chow pour $|Z|$.

Ceci termine la démonstration de (7.1.1).

7.1.5. REMARQUES

1) Dans la démonstration du lemme (7.1.3), on a utilisé [15] qui nous a permis de nous restreindre au cas d'un changement de variables simple. Le calcul dans le cas d'un changement variable général à la manière de (2.1) ne devrait pas être beaucoup plus difficile (en remplaçant $\sum_{\tilde{\ell}} \frac{1}{\tilde{\ell}!} \partial^{\tilde{\ell}}(A^{\tilde{\ell}})$ par l'exponentielle d'un "champ de vecteurs" général). Il permettrait de donner directement l'existence de la classe fondamentale par des arguments purement locaux (sans utiliser le théorème de Bott comme dans [15]).

2) En caractéristique positive q, si l'on a $n < q$, ou encore $p-1 < q$, ou encore $k-2 < q$, la définition (7.1.2.2) permet encore de définit la trace θ, et, par prolongement des identités algébriques, les diverses traces se correspondent encore par la dualité de Grothendieck. Ceci prouve donc l'existence d'une classe fondamentale en caractéristique positive q pourvu que l'une des conditions suivantes soit réalisée

$$n < q \quad , \quad p-1 < q \quad , \quad k-2 < q \; .$$

7.1.6. LE MORPHISME HILBERT-CHOW

(7.1.6.1) Soit S_o un schéma de caractéristique zéro. Soit X un schéma lisse sur S_o purement de dimension N. La proposition 7.1.1 associe à tout schéma fermé Z de $X \times_{S_o} S$ purement de codimension p et plat sur S, (S est un S_o-schéma quelconque) un couple $(|Z|, c_{Z/S})$ où $|Z|$ est le fermé sous-jacent à Z et $c_{Z/S}$ une classe de Chow pour Z. Ceci définit donc un morphisme $\mathrm{Hilb}^P_{X/S_o}(S) \to C^p_{X/S_o}(S)$ pour tout polynôme P de Hilbert correspondant à la codimension p. Ces deux foncteurs étant représentables, on en déduit un morphisme d'espaces algébriques $\mathrm{Hilb}_{N-p}(X/S_o) \to C^p(X/S_o)$.

(7.1.6.2) Ce morphisme a été utilisé par Fogarthy pour étudier diverses propriétés du schéma de Hilbert : connexité du schéma de Hilbert ponctuel d'un schéma connexe, étude de la cohomologie du faisceau structural du schéma de Hilbert du plan projectif ([16]), étude du schéma de Picard d'un schéma de Hilbert ponctuel d'une surface lisse projective ([17]).

7.2. CAS DES DIVISEURS

7.2.1. THÉORÈME. Soit S_o un schéma affine localement de type fini sur K. Soit X un schéma lisse sur S_o de pure dimension N. Alors, le morphisme construit ci-dessus : $\mathrm{Hilb}_{N-1}(X) \to C^1(X)$ est un isomorphisme.

Il faut démontrer que pour tout S_o - schéma S, l'application $\mathrm{Hilb}_{(N-1)X/S_o}(S) \to C^1_X(S)$ est une bijection.

- Montrons d'abord qu'elle est injective : soient Z_1 et Z_2 deux schémas plats sur S ayant même classe fondamentale. Si (U,B,f) est une projection de Z_1 et Z_2, et si θ est la trace induite par la classe fondamentale de Z_1 et Z_2, alors, on peut supposer que U est isomorphe à $B \times \mathrm{Spec}\, K[[t]]$, et l'équation de Z_1 (et de Z_2) dans U, sera alors

$$(t^k - \theta(t)t^{k-1} + \tfrac{1}{2}P_\theta^2(t)t^{k-2} + \ldots + \frac{(-1)^i}{i!} P_\theta^i(t)t^{k-i} + \ldots + (-1)^k \frac{P_\theta^k(t)}{k!}) = Q_\theta^k(t) = 0$$

(On le voit en remarquant que localement, $\mathcal{O}_{Z_1}$ est libre sur $\mathcal{O}_B$ de base $1,t,\ldots t^{k-1}$. On calcule la trace par identifications successives : si l'équation de Z_1 est $t^k + a_{k-1}t^{k-1} + a_{k-2}t^{k-2} + \ldots + a_o = 0$, on montre par exemple que la matrice de la multiplication par t est :

$$\begin{pmatrix} 0 & 0 & \cdots & 0 & -a_o \\ 1 & 0 & \ddots & \vdots & -a_1 \\ 0 & 1 & \ddots & 0 & \vdots \\ \vdots & \ddots & \ddots & 0 & \vdots \\ 0 & \cdots & 0 & 1 & -a_{k-1} \end{pmatrix}$$

, d'où $\theta(t) = -a_{k-1}$,...etc..., la matrice de

la multiplication par t^2 est
$$\begin{pmatrix} 0 & \cdots & \cdots & 0 & -a_0 & \vdots \\ 0 & 0 & & \vdots & \vdots & \vdots \\ 1 & 0 & & \vdots & -a_{k-3} & \vdots \\ 0 & 1 & \ddots & 0 & -a_{k-2} & \vdots \\ 0 & \cdots & 0 & 1 & -a_{k-1} & -a_{k-2}+a_{k-1}^2 \end{pmatrix},$$
d'où $\theta(t^2) = -2a_{k-2} + a_{k-1}^2$ et $a_{k-2} = \frac{1}{2}(\theta(t)^2 - \theta(t^2))$ etc...).
Finalement Z_1 et Z_2 sont donnés par la même équation et sont donc égaux.

- Montrons qu'elle est surjective. Soit c une classe de $C_X^p(S)$. Choisissant (U,B,f) comme précédemment, on peut définir un sous-schéma fermé Z de codimension 1 dans $X \times S$, défini localement par l'équation $Q_\theta^k(t) = 0$. Montrons qu'alors Z est plat sur S et que c est la classe fondamentale de Z.

Or $\mathcal{O}_Z$ est localement libre de rang k sur $\mathcal{O}_B$, ce qui prouve bien que Z est plat sur S. Si c' est la classe fondamentale de Z qui induit localement une trace θ', l'équation de Z est $Q_{\theta'}^k(t) = Q_\theta^k(t) = 0$, d'où $P_\theta^i = (t) = P_{\theta'}^i(t)$ pour $i = 1,2,\dots k$, d'où $\theta(t^i) = \theta'(t^i)$ pour $i = 1,2,\dots k$. Puisque $P_\theta^\ell = P_{\theta'}^\ell = 0$ si $\ell \geqslant k+1$, on a donc $\theta(t^i) = \theta'(t^i)$ pour tout i. Ceci prouve que θ et θ' coïncident sur $\mathcal{O}_U \otimes \Omega^{\cdot}_{B/S} = f^*(\Omega^{\cdot}_{B/S})$. Mais, toute différentielle de $\Omega^{N-1}_{U/S}$ est combinaison linéaire d'éléments de $f^*(\Omega^{N-1}_{B/S})$ et d'éléments de la forme $t^i\, dt \wedge \omega$, où $\omega \in \Omega^{N-2}_{B/S}$. Puisque $t^i dt = \frac{1}{i+1} d(t^{i+1})$, donc $t^i dt \wedge \omega = \frac{1}{i+1} d(t^{i+1}\omega) - \frac{1}{i+1} t^{i+1} d\omega$, toute différentielle de $\Omega^{N-1}_{U/S}$ est combinaison linéaire d'éléments de $f^*(\Omega^{N-1}_{B/S})$ et de différentielles d'éléments de $f^*(\Omega^{N-2}_{B/S})$. Puisque θ et θ' coïncident sur $f^*(\Omega^{\cdot}_{B/S})$ et commutent à la différentielle d, θ et θ' coïncident donc sur $\Omega^{N-1}_{U/S}$. En faisant varier U, il vient donc $c = c'$.

7.2.2. REMARQUE. Cet isomorphisme provient ici essentiellement de ce qu'une classe de Chow est déterminée par un morphisme $B \to \mathrm{Sym}_B^k U$ dans une direction, et de ce que $\mathrm{Sym}_B^k U$ est lisse, propriétés vraies en codimension 1 mais complètement fausses en codimension quelconque (cf. [5] contre exemple p. 127).

7.3. REMARQUES

7.3.1. Sous les hypothèses générales, si Z est un sous-schéma fermé lisse de X compté avec multiplicité 1, le morphisme $\mathrm{Hilb}_n(X) \to C^p(X)$ induit un isomorphisme d'un voisinage ouvert de Z dans $\mathrm{Hilb}_n(X)$ sur un voisinage ouvert de Z dans $C^p(X)$; en effet choisissant de projeter sur Z, on constate que l'on est en degré 1, et que le cycle universel (8.2.2) est donc plat sur $C^p(X)$ au voisinage de Z.

7.3.2. La fibre du morphisme $\mathrm{Hilb}_n(X) \to C^p(X)$ au-dessus d'un cycle de X est donc d'autant plus grosse que le cycle considéré est plus singulier et qu'il y a plus de nilpotents. La donnée d'un point de $\mathrm{Hilb}_n(X)$ donne en plus les "directions de déformations" des composantes des cycles de $C^p(X)$. Par contre, la structure algébrique de $C^p(X)$ peut être "plus riche" : il existe des morphismes $S \to C^p(X)$ ne se relevant pas en morphisme $S \to \mathrm{Hilb}_n(X)$, donc des familles algébriques mais non plates de cycles (cf. par exemple les schémas de Tor dimension finie mais non plats (7.1.1)).

7.3.3. En raison des remarques précédentes, il pourrait être raisonnable de définir un cycle Z comme étant régulier, s'il existe un voisinage de Z dans $C^p(X)$ au-dessus duquel le morphisme $\mathrm{Hilb}_m(X) \to C^p(X)$ est un isomorphisme avec cette définition, par exemple, un sous-schéma fermé lisse, est un cycle régulier. De même tout diviseur est un cycle régulier.

Ainsi, dans l'exemple (6.4) les cycles non réguliers sont des éléments de $\Gamma_1 \cap \Gamma_2$ (cf. [5] chap. 5 §3 contre-exemple).

EXERCICE. Etudier la fibre au-dessus d'un point de $\Gamma_1 \cap \Gamma_2$ du morphisme $\mathrm{Hilb}_1(\mathbb{P}_2)(2) \to C^2(\mathbb{P}_2)(2)$.

(On pourra vérifier que si X est une structure de schéma correspondant à un cycle de $\Gamma_1 \cap \Gamma_2 - \Delta$, alors pour qu'il existe une déformation de X en un schéma lisse, il faut que les nilpotents de X soient concentrés au point singulier de X et soient de carré nul).

Il est faux en général qu'un cycle formé d'un fermé irréductible compté avec multiplicité 1 soit un cycle régulier, comme le montre l'exemple suivant :

Soit $S = \mathrm{Spec}\, R$ le spectre d'un anneau de valuation discrète sur $\mathbb{C}$, soit $X = \mathbb{P}_3(\mathbb{C})$; soit $Y \subset X \times S$ un sous-schéma de $X \times S$ qui est une famille de droites projectives sur S (prenons par exemple $R = \mathbb{C}[t]_{(t)}$, $X = \mathrm{Proj}(\mathbb{C}[x_o,x_1,x_2,x_3])$ et $Y = V(x_3, x_2 - tx_o)$. Soient P_o et P_1 deux points distincts de la fibre spéciale Y_s. Soit A la sous-algèbre de $\mathcal{O}_Y$ formée des fonctions prenant la même valeur en P_o et P_1. Soit $Z = \mathrm{Proj}\, A$ (par exemple A est le sous-anneau de $\mathbb{C}[t]_{(t)}[x_o,x_1,x_2,x_3])/(x_3,x_2-tx_o)$ formé des éléments $f(t,x_o,x_1,x_2,x_3)$ tels que $f(0,x_o,0,x_2,x_3) = f(0,x_o,x_o,x_2,x_3)$.

Alors Z est plat sur S puisque sans torsion, la fibre générique Z_η est isomorphe à $\mathbb{P}_1(\mathbb{C})$, donc réduite, mais la fibre spéciale Z_s n'est pas réduite puisque par conservation de la caractéristique d'Euler Poincaré, on a : $\dim H^o(Z_s, \mathcal{O}_{Z_s}) = 1 + \dim H^1(Z_s, \mathcal{O}_{Z_s}) \geqslant 2$.

Donc Z_s et $Z_{s\ red}$ sont deux points distincts de $\mathrm{Hilb}_1(X)$ au-dessus du même point $|Z_s|$ de $C^2(X)$, ce qui prouve que $|Z_s|$ n'est pas un cycle régulier.

7.3.4. On peut montrer aisément que, si Q est un polynôme de degré n, à coefficients rationnels, si $S_o = \mathrm{Spec}\, \mathbb{C}$, le morphisme $\mathrm{Hilb}_Q(X) \to C^p(X)$ est un morphisme propre (cf. [18]) (ou appliquer le critère valuatif de propreté).

Cela prouve que pour tout S le morphisme $\mathrm{Hilb}_n(X/S) \to C^p(X/S)$ est surjectif (mais bien entendu n'implique pas que toute famille algébrique de cycles provient d'une famille plate, un morphisme $S \to C^p(X/S)$ ne se relevant pas nécessairement en un morphisme $S \to \mathrm{Hilb}_n(X/S)$).

7.3.5. De même, si X est un schéma propre sur S_o, le critère valuatif de propreté montre que $C^P(X)$ est propre sur S_o.

8. INTERSECTIONS - ÉQUIVALENCES ALGÉBRIQUES

8.1. CUP-PRODUIT ET INTERSECTIONS

8.1.1. PRODUIT DE DEUX CYCLES

Soit S_o un schéma affine de caractéristique zéro. Soient X et X' deux schémas séparés lisses sur S_o de pure dimension N et N' sur S_o. Soient S et S' deux S_o-schémas noethériens, et Z et Z' deux fermés de $X\times_{S_o} S$ et $X'\times_{S_o} S'$ de pure codimension p et p'. Soient enfin c et c' deux classes appartenant à $H^p_{|Z|}(X\times_{S_o} S,\Omega^p_{X\times_{S_o} S/S})$ et $H^{p'}_{|Z'|}(X'\times_{S_o} S',\Omega^{p'}_{X'\times_{S_o} S'/S'})$ qui sont des classes de Chow pour Z et Z'.

8.1.1. PROPOSITION. <u>Sous les hypothèses précédentes</u>, <u>la classe</u> $c\times c'\in H^{p+p'}_{|Z\times_{S_o} Z'|}((X\times_{S_o} X')\times_{S_o}(S\times_{S_o} S'),\Omega^{p+p'}_{X\times X'\times S\times S'/S\times S'})$ <u>est une classe de Chow pour</u> $Z\times Z'$.

Si z est un point de Z, et z' un point de Z', si l'on choisit des projections (U,B,f) pour Z autour de z et (U',B',f') pour Z' autour de z', travaillons dans $(U\times U',B\times B',(f,f'))$.

Notons d'abord qu'il existe une application naturelle $\mathrm{Sym}^k_B(X\times S)\times \mathrm{Sym}^{k'}_{B'}(X'\times S')\to \mathrm{Sym}^{kk'}_{B\times B'}(X\times X'\times S\times S')$, qui au k-uplet $(x_1,\dots x_k)$ et au k'-uplet $(x'_1,\dots x'_k)$ associe le kk'-uplet $(\dots,x_ix'_j,\dots)$, application associée au morphisme $TS^{kk'}(A\otimes B)\to TS^k(A)\otimes TS^{k'}(B)$. On a donc de même un morphisme $\Omega^{\cdot\sigma}_{(X\times X'\times S\times S')^{kk'}/S\times S'}\to \Omega^{\cdot\sigma}_{(X\times S)^k/S}\otimes\Omega^{\cdot\sigma}_{(X'\times S')^{k'}/S'}$ et par récurrence des morphismes :

$$T^{j,s}_{U^k/S}\times T^{j,s}_{U'^{k'}/S'}\to T^{j,s}_{(U\times U')^{kk'}/S\times S'}\ ,\ \text{et}$$

$$\Omega^{\cdot\sigma}_{T^{j,s}_{(U\times U')^{kk'}/S\times S'}}\to \Omega^{\cdot\sigma}_{T^{j,s}_{U^k/S}}\otimes\Omega^{\cdot\sigma}_{T^{j',s}_{U'^{k'}/S}}\ .$$

Ainsi les morphismes composés

$$T^j_{B\times B'/S\times S'} \to T^{j,s}_{U^k/S} \times T^{j,s}_{U^{k'}/S'} \to T^{j,s}_{(U\times U')^{kk'}/S\times S'}$$

$$\text{et}\quad \Omega^{\cdot\sigma}_{T^{j,s}_{(U\times U')^{kk'}/S\times S'}} \to \Omega^{\cdot\sigma}_{T^{j,s}_{U^k/S}} \otimes \Omega^{\cdot\sigma}_{T^{j,s}_{U'^{k'}/S'}} \to \Omega^{\cdot}_{T^j_{B\times B'/S\times S'}}$$

montrent bien que la classe $c\times c'$ est une classe de Chow pour $Z\times Z'$.

8.1.2. CUP-PRODUIT DE CLASSES DE CHOW

Soit S_o un schéma affine de caractéristique zéro.

Soit X un schéma séparé lisse de pure dimension N sur S_o, et soient S et S' deux S_o-schémas noethériens. Soient Z et Z' deux fermés de $X\times_{S_o} S$ et $X\times_{S_o} S'$ de pure codimension p et p' et soient c et c' deux classes dans $H^p_{|Z|}(X\times S, \Omega^p_{X\times S/S})$ et $H^{p'}_{|Z'|}(X\times S', \Omega^{p'}_{X\times S'/S'})$ qui sont des classes de Chow pour Z et Z'. On suppose que $Z\times S'$ et $Z'\times S$ sont de plus des fermés de $X\times S\times S'$ tels que $Z\times S'\cap Z'\times S$ soit de pure codimension $p+p'$ (on dira que Z et Z' se coupent bien).

8.1.2.1. PROPOSITION. <u>Sous les hypothèses précédentes, la classe cup-produit de</u> c <u>et</u> c', <u>soit</u> $c\cup c' \in H^{p+p'}_{Z\times S'\cap Z'\times S}(X\times S\times S', \Omega^{p+p'}_{X\times S\times S'/S\times S'})$ <u>est une classe de Chow pour</u> $Z\times S'\cap Z'\times S$.

Pour la définition du cup-produit, on peut se reporter à ([12], 4.3, Proposition 1). Rappelons de plus que si Δ est l'application diagonale $X\to X\times X$, l'image directe $\Delta_*(c\cup c')$ qui est un élément de $H^{p+p'+N}_{Z\times S'\cap Z'\times S}(X\times X\times S\times S', \Omega^{p+p'+N}_{X\times X\times S\times S'/S\times S'})$, est égal au cup-produit $c_{\Delta_X}\cup(c\times c')$, où $c\times c'$ est la classe rencontre en (8.1.1) et c_{Δ_X} est la classe fondamentale de la diagonale $\Delta_X\times S\times S'$ dans $X\times X\times S\times S'$, $(c_{\Delta_X}\in H^N_{\Delta_X\times S\times S'}(X\times X\times S\times S', \Omega^N_{X\times X\times S\times S_o})$ (loc. cit. lemme 2). D'après la proposition (8.1.1), on est donc ramené au cas où $S=S_o$ et où c est la classe fondamentale d'un fermé lisse Z de X. De plus, on peut choisir de projeter "parallèlement" à Z. En termes clairs, on peut choisir une projection de $Z',(U',B',f)$ tel qu'il existe un fermé lisse B de B' tel que l'ouvert $U_{Z\times S'} = U'\cap Z\times S'$, de $Z\times S'$ soit isomorphe à $B\times_{B'}U'$ (B est donc de codimension p dans B'). Dès lors, le morphisme composé $B \to B' \to \mathrm{Sym}^{k'}_{B'}(X\times S')$ qui est en fait à valeurs dans $\mathrm{Sym}^{k'}_{B}(X\times S')$ correspond à la classe $c \cup c'$ et on a de même des morphismes $T^{j}_{B/S} \to T^{j,s}_{(X\times S')^{k'}/S'}$ qui montrent que $c\cup c'$ est bien une classe de Chow.

8.1.2.2. COROLLAIRE. <u>Soient</u> S_o <u>et</u> X <u>comme précédemment, et soient</u> p <u>et</u> p' <u>deux entiers strictement inférieurs à</u> N . <u>Soit</u> $\mathcal{U}$ <u>l'ouvert de</u> $C^{p}(X)\times C^{p'}(X)$ <u>formé des couples de cycles se coupant bien. Il existe un morphisme d'intersection</u> $U : \mathcal{U} \to C^{p+p'}(X)$ <u>qui à deux cycles</u> $\Sigma\, n_i\, Z_i$ <u>et</u> $\Sigma\, n'_j\, Z'_j$, <u>associe le cycle</u> $\Sigma\, n_i\, n'_j\, Z_i \cap Z'_j$.

Le corollaire résulte immédiatement de la proposition (8.1.2.1) et du fait qu'en dimension zéro, le cup-produit est égal au produit des traces.

8.2. ÉQUIVALENCE ALGÉBRIQUE

8.2.1. IMAGES RÉCIPROQUES

Soit S_o un schéma affine de caractéristique zéro. Soit S un S_o-schéma noethérien, et soit $f : X \to X'$ un S_o-morphisme propre de S_o-schémas lisses de pure dimension N et N'.

Soit Z un fermé de $X'\times_{S_o} S$ de pure codimension p et tel que $f^{-1}(Z)$ soit un fermé de $X\times_{S_o} S$ de pure codimension p . Soit $c \in H^{p}_{|Z|}(X'\times S, \Omega^{p}_{X'\times S/S})$ une classe de Chow pour Z .

Soit $c'_X = (id_X, f)_*(c_{X\times S})$ l'image directe dans $X\times X'\times S$ de la classe fondamentale de $X\times S$ dans lui-même (1) par le morphisme $(id_X, f) : X\times S \to X\times_{S_o} X'\times_{S_o} S$; $c'_X \in H^{N'}_{|X\times S|}(X\times X'\times S, \Omega^{N'}_{X\times X'\times S/S})$. Soit c_X la classe fondamentale de X dans lui-même (1).

On pose $c_1 = c'_X \cup (c_X \times c)$.

(On a $c_X\times c \in H^{p}_{|Z\times X|}(X\times X'\times S, \Omega^{p}_{X\times X'\times S/S})$ et donc $c_1 \in H^{N'+p}_{|f^{-1}(Z)\times Z|}(X\times X'\times S, \Omega^{N'+p}_{X\times X'\times S/S})$).

8.2.1.1. PROPOSITION. Il existe une classe et une seule dans $H^p_{|f^{-1}(Z)|}(X \times S, \Omega^p_{X\times S/S})$ dont l'image directe par (id_X, f) soit égale à c_1. C'est une classe de Chow pour $f^{-1}(Z)$ notée $f^{-1}(c)$.

L'unicité provient de ce que puisque (id_X, f) est une immersion fermée, l'image directe par (id_X, f) est injective sur $H^p_{|f^{-1}(Z)|}(X \times S, \Omega^p_{X\times S/S})$. L'existence résulte de ce que c_1 est à support dans $(X \times f(X) \times S) \cap (X \times Z) \simeq f^{-1}(Z) \times_S Z$, et de ce que c_1 est égal au cup-produit de c'_X avec une autre classe. Enfin pour montrer que $f^{-1}(c)$ est une classe de Chow pour $f^{-1}(Z)$, il suffit de vérifier que c_1 est une classe de Chow pour $f^{-1}(Z) \times_S Z$. Or puisque c'_X, c_X et c sont des classes de Chow, cela résulte des propositions (8.1.1) et (8.1.2.1).

8.2.1.2. COROLLAIRE. Sous les hypothèses précédentes, supposons que f soit un morphisme fini surjectif de degré δ ; alors on a $f_*(f^{-1}(c)) = \delta.c$.

On a : $c_1 = c'_X \cup (c_X \times c) = (id_X \times f)_*(f^{-1}(c)) = c_X \times f_* f^{-1}(c)$. Pour montrer $f_*(f^{-1}(c)) = \delta c$, il nous suffit donc de montrer que $f_*(c_{X\times S/S}) = \delta c_{X'\times S/S}$. On peut se placer au point générique et donc supposer X étale sur X' ; dans ce cas l'égalité est évidente.

8.2.2. LE CYCLE UNIVERSEL

Soit S_o un schéma affine de caractéristique zéro. Soit X un schéma séparé lisse de pure dimension N sur S_o. Soit p un entier inférieur ou égal à N.

Alors pour tout S_o-schéma S, le théorème 5.2.1 fournit un isomorphisme $\mathrm{Hom}(S, C^p(X)) \simeq C^p_X(S)$.

L'identité de $C^p(X)$ est un élément de $\mathrm{Hom}(C^p(X), C^p(X))$ auquel correspond donc un élément de $C^p_X(C^p(X))$. C'est donc un cycle de $X \times C^p(X)$ qui sera appelé le cycle universel. Son support est constitué des couples (Z,Z) où le premier Z est considéré comme cycle sur X, et le second comme un point de $C^p(X)$. La classe de Chow associée sera appelée la classe universelle. Nous les noterons $(X \# C^p(X), c_{\#})$.

Soit (Z,c) un élément de $C^p_X(S)$. Alors (Z,c) correspond à un morphisme $\varphi : S \to C^p(X)$, et on en déduit le morphisme $1_X \times \varphi : X \times S \to X \times C^p(X)$.

Alors, on a : $Z = (1_X \times \varphi)^{-1}(X \# C^p(X))$

et $c = (1_X \times \varphi)^{-1}(c_{\#})$.

8.2.3. CYCLES ALGÉBRIQUEMENT ÉQUIVALENTS

8.2.3.1. DÉFINITION. Sous les hypothèses de 8.2.2, nous dirons que deux cycles (Z,c) et (Z',c') de X sont directement liés, s'il existe une S_o-courbe lisse et connexe S, un cycle (Y,γ) de $X \times_{S_o} S$, et deux points s et s' de S tels que les cycles $Y \cap g^{-1}(s)$ et $Y \cap g^{-1}(s')$ soient définis et égaux respectivement à (Z,c) et (Z',c'). (Ici s est considéré comme un cycle de S réduit à un point, ou encore un morphisme $S_o \to S$, et g est le morphisme $X \times S \to S$).

8.2.3.2. DÉFINITION. L'équivalence algébrique positive est la relation d'équivalence engendrée par la liaison directe. Ainsi, deux cycles Z et Z' seront dits positivement algébriquement équivalents s'il existe des cycles $Z_o = Z, Z_1, \ldots Z_n = Z'$, tels que pour $i = 0,1,\ldots,n-1$, Z_i soit directement lié à Z_{i+1}.

8.2.4. COMPOSANTES CONNEXES DU SCHÉMA DE CHOW

8.2.4.1. THÉORÈME. Sous les hypothèses de (8.2.2), deux cycles (Z,c) et (Z',c') de codimension p dans X sont positivement algébriquement équivalents, si et seulement s'ils appartiennent à la même composante connexe de $C^p(X)$. Ils sont directement liés si et seulement s'ils appartiennent à la même composante irréductible de $C^p(X)$.

La seconde assertion implique la première d'après (8.2.3.2).

Si (Z,c) et (Z',c') sont directement liés si (Y,γ), S, s, s' sont définis comme dans (8.2.3.1), le cycle (Y,γ) correspond à un élément de $C^p_X(S) = \mathrm{Hom}(S, C^p(X))$. Les images de s et s' appartiennent à la même composante irréductible de $C^p(X)$ puisque S est irréductible. Or ces images sont précisément (Z,c) et (Z',c').

Réciproquement, si (Z,c) et (Z',c') appartiennent à la même composante irréductible Γ de $C^p(X)$, il existe une courbe lisse irréductible S et un morphisme de S dans Γ tel que l'image de S dans Γ passe par les points (Z,c) et (Z',c').

Dès lors, l'image réciproque sur $X \times S$ du cycle universel via le morphisme $X \times_{S_o} S \to X \times C^p(X)$ déduit du morphisme $S \to \Gamma \to C^p(X)$ vérifie les hypothèses de la définition (8.2.3.1) et (Z,c) et (Z',c') sont donc directement liés.

8.2.5. ÉQUIVALENCE ALGÉBRIQUE ET ÉQUIVALENCE ALGÉBRIQUE POSITIVE

Rappelons la classique

8.2.5.1. DÉFINITION. Sous les hypothèses précédentes, deux cycles (Z,c) et (Z',c') seront dits algébriquement équivalents, s'il existe un cycle $(Z",c")$ tel que les cycles $(Z,c)+(Z",c")$ et $(Z',c')+(Z",c")$ soient directement liés.

Il est clair que deux cycles positivement algébriquement équivalents sont algébriquement équivalents. La réciproque est fausse comme le montre l'exemple suivant

8.2.5.2. EXEMPLE

Soit $V = \mathbb{P}_3(\mathbb{C})$, et soient C_1 et C_2 deux courbes lisses de V qui se coupent en deux points distincts x_o et x_1.

Soit $\overline{V_o}$ le schéma au-dessus de $V_o = V - \{x_1\}$, obtenu en éclatant dans V_o, la courbe $C_1 - \{x_1\}$, puis le transformé strict de $C_2 - \{x_1\}$. Soit de même $\overline{V_1}$ le schéma au-dessus de $V_1 = V - \{x_o\}$, obtenu en éclatant dans V_1, la courbe $C_2 - \{x_o\}$ puis le transformé strict de $C_1 - \{x_o\}$. Au-dessus de $V - \{x_o\} - \{x_1\}$, $\overline{V_o}$ et $\overline{V_1}$ sont isomorphes, de sorte qu'on peut les recoller sur cet ouvert, pour obtenir un schéma $\bar{V}$. Soient Z_o et Z_o' les deux droites projectives de la fibre de $\bar{V}$ au-dessus de x_o, et Z_1 et Z_1' les droites projectives de la fibre de $\bar{V}$ au-dessus de x_1. En regardant les fibres de $\bar{V}$ au-dessus de C_1 et C_2, on voit que Z_o est directement lié à $Z_1+Z'_1$ et que Z_1 est directement lié à $Z_o+Z'_o$, donc que les cycles Z_o+Z_1 et $Z_o+Z_1+Z'_o+Z'_1$ sont algébriquement équivalents, donc que $Z'_o+Z'_1$ est algébriquement équivalent à 0. Or, il est clair que $Z'_o+Z'_1$ n'est pas positivement algébriquement à 0.

On pourra noter que le schéma $\bar{V}$ est propre mais non quasi-projectif.

8.3. INTÉGRATION DES CLASSES DE COHOMOLOGIE

On se place sous les hypothèses de (8.2.2) et on notera q la projection $X \times C^p(X) \to X$, et π la projection $X \times C^p(X) \to C^p(X)$. On suppose que X est propre sur S_o. Soit N la dimension de X, et $n = N-p$. Soit i un entier positif ou nul.

Soit c un élément de $H^{n+i}(X, \Omega^n_{X/S_o})$. $q^* c \cup c_\#$ est donc un élément de

$$H^{N+i}_{X \# C^p(X)}(X \times C^p(X), \Omega^N_{X \times C^p(X)/C^p(X)}) .$$

Puisque π est un morphisme propre et que $\Omega^N_{X \times C^p(X)/C^p(X)}$ est le dualisant relatif de $X \times C^p(X)$ sur $C^p(X)$, on peut appliquer $\mathrm{Tr}\, \pi_*$ (trace pour les complexes dualisants). On obtient alors un élément $\mathrm{Tr}\, \pi_*(q^* c \cup c_\#) \in H^i(C^p(X), \mathcal{O}_{C^p(X)})$.

On a donc défini un morphisme de $H^{n+i}(X, \Omega^n_{X/S_o})$ dans $H^i(C^p(X), \mathcal{O}_{C^p(X)})$ que nous noterons ρ_i et que nous appellerons $i^{\text{ème}}$ dérivée de l'application d'Andreotti-Norguet.

BIBLIOGRAPHIE

[1] [AN] A. ANDREOTTI, F. NORGUET.- La convexité holomorphe dans l'espace analytique des cycles d'une variété algébrique. Annali Scuola Normale Pisa n° 21 (1967).

[2] [ART 1] M. ARTIN.- Algebraization of formal Moduli I in Global Analysis ; Papers in Honor of K. Kodaira (D.C. Spencer, Iyanaga Ed.)Princeton University Press (1970).

[3] [ART 2] M. ARTIN.- The implicit function theorem in Algebraic Geometry. Proc. Bombay Colloquium on Algebraic Geometry. Tata Institute (1969).

[4] [ART 3] M. ARTIN.- Théorèmes de représentabilité pour les espaces algébriques. Séminaire de Mathématiques Supérieures. Eté 70, n° 44, Presses de l'Université de Montréal.

[5] [BARL 1] D. BARLET.- Espace analytique réduit des cycles analytiques complexes compacts d'un espace analytique complexe de dimension finie dans Fonctions de plusieurs variables complexes II (Séminaire F. Norguet) p. 1-158. Lecture Notes in Mathematics n° 482, Springer Verlag.

[6] [BARL 2] D. BARLET.- Classe fondamentale d'une famille analytique de cycles. Fonctions de plusieurs variables complexes IV (Séminaire F. Norguet) p. 1-24, Lecture Notes in Mathematics n° 807.

[7] [BARL 3] D. BARLET.- Convexité au voisinage d'un cycle. Fonctions de plusieurs variables complexes IV (Séminaire F. Norguet) p. 102-121, Lecture Notes in Mathematics n° 807.

[8] [BEAU] A. BEAUVILLE.- Résidus et classes fondamentales. Thèse de 3ème cycle. Université Paris Sud - Orsay ou Séminaire P. Lelong (1970) Lecture Notes in Mathematics n° 205, Springer Verlag

[9] [BOUR 1] N. BOURBAKI.- Algèbre. Librairie Hermann, Paris.

[10] [BOUR 2] N. BOURBAKI.- Groupes et algèbres de Lie. Librairie Hermann, Paris.

[11] [BOUR 3] N. BOURBAKI.- Algèbre commutative. Librairie Hermann, Paris

[12] [ELZ 1] F. ELZEIN.- La classe fondamentale relative I (Thèse). Mémoires de la Société Mathématique de France n° 58 (1979).

[13] [ELZ 2] F. ELZEIN.- Classe fondamentale d'un cycle. Compositio Mathematica n° 29 (1974) p. 9-33.

[14] [ELZ 3] F. ELZEIN.- Résidus en Géométrie algébrique. Compositio Mathematica n° 23 (1971) p. 379-405.

[15] [ELZ-ANG] F. ELZEIN, B. ANGENIOL.- La classe fondamentale relative II. Même volume que [11].

[16] [FOG 1] J. FOGARTHY.- Algebraic families on an algebraic surface. American Journal of Mathematics (1968).

[17] [FOG 2] J. FOGARTHY.- The Picard scheme of the punctual Hilbert Scheme. American Journal of Mathematics (1973).

[18] [FUJ] A. FUJIKI.- Closedness of the Douady Spaces of Compact Kähler Spaces. Publications of Research Institute for Mathematical Studies (RIM 5), Kyoto University vol. n° 14, n° 1 (1978).

[19] [EGA] A. GROTHENDIECK.- Eléments de Géométrie Algébrique. Publications I.H.E.S. n° 4-8-11-17-20-24-28-32.

[20] [R.D.] R.T. HARTSHORNE.-Residues and Duality. Lecture Notes in Mathematics n° 20, Springer Verlag.

[21] [ILL] L. ILLUSIE.- Complexe cotangent. Lecture Notes in Mathematics n° 239 et 283, Springer Verlag.

[22] [JOH] R.A. JOHNSON.- The conic as a space element. Transactions of the American Mathematical Society, n° 23 (1914).

[23] [KNU] D. KNUDSON.- Algebraic Spaces. Lecture Notes in Mathematics n° 203, Springer Verlag.

[24] [MAT] A. MATTUCK.- The field of multisymmetric functions. Proceedings of the American Mathematical Society (1969), n° 2.

[25] [RUSE] H.S. RUSE.- The Cayley-Spottiswoode coordinates of a conic in 3-space. Compositio Mathematicae n° 2 (1936).

[26] [TODD] J.A. TODD.- Conics in space, and their representation by points in space of nineteen dimensions. Proceedings of the London Mathematical Society (2), 36 (1932).

INDEX